农业废弃物资源化利用产业链运作研究

张浩 胡子坤 王乙娜 著

U0349584

中国农业科学技术出版社

图书在版编目（CIP）数据

农业废弃物资源化利用产业链运作研究 / 张浩，胡子坤，王乙娜著. --北京：中国农业科学技术出版社，2022.5
ISBN 978-7-5116-5730-5

Ⅰ.①农…　Ⅱ.①张…②胡…③王…　Ⅲ.①农业废物－废物综合利用－研究　Ⅳ.①X71

中国版本图书馆CIP数据核字（2022）第 059783 号

责任编辑　白姗姗
责任校对　李向荣
责任印制　姜义伟　王思文

出 版 者　中国农业科学技术出版社
　　　　　北京市中关村南大街 12 号　　邮编：100081
电　　话　（010）82106638（编辑室）　　（010）82109702（发行部）
　　　　　（010）82109709（读者服务部）
网　　址　http://www.castp.cn
经 销 者　各地新华书店
印 刷 者　北京建宏印刷有限公司
开　　本　170 mm×240 mm　1/16
印　　张　11.25
字　　数　190 千字
版　　次　2022 年 5 月第 1 版　　2022 年 5 月第 1 次印刷
定　　价　68.00 元

作者简介
Biography

　　张浩（1988— ），安徽淮北人，淮北师范大学经济与管理学院讲师，管理学博士，一直从事循环农业、农业可持续发展研究，在《系统工程理论与实践》《运筹与管理》《北京理工大学学报（社会科学版）》等CSSCI来源期刊、CSCD核心库期刊发表学术论文10余篇，主持安徽省哲学社会科学规划项目1项、安徽省高等学校人文社会科学研究项目1项，参与国家自然科学基金项目3项，获安徽省社会科学界联合会2019年"三项"课题研究成果二等奖。

F 前 言

OREWORD

　　农业废弃物主要包括畜禽粪污、病死畜禽、农作物秸秆、废旧农膜及废弃农药包装物五类。自2006年10月国家环保总局（现生态环境部）发布《国家农村小康环保行动计划》起，国务院、国家发展和改革委员会、农业农村部等至今已出台近20部政策法规，要求大力发展种养结合循环农业，促进养殖废弃物污染防治与资源化利用。2018年起中央一号文件持续要求强化秸秆、农膜等农业废弃物资源化利用。农业废弃物资源化利用产业链良好的发展，是打赢污染防治攻坚战的必由之路，是实现产业脱贫、助力乡村振兴的持久有效路径。本书研究工作和成果主要有以下几个方面。

　　第一，沼液有机肥合作开发能否实现依赖于养殖场和资源化利用企业这两个参与主体的策略选择。构建养殖场群体和资源化利用企业群体交互作用的演化博弈模型，分析得出沼液有机肥合作开发的前提条件：由于生产沼液有机肥的经济回报不如其他类型有机肥，因此，应保障在考虑生产沼液有机肥带来的机会成本的条件下，资源化利用企业仍有利可图。然而在满足该前提条件下，沼液有机肥合作开发模式的系统演化仍有可能锁定于"不良"状态，即（不合作，不合作），通过参数调节可以帮助系统演化跳出"不良"锁定状态。参数分析表明，①沼液有机肥合作开发付出的信息搜寻成本的降低、政府对沼液有机肥的补贴的增加均有利于系统演化跳出"不良"锁定状态；②养殖场沼液减量化处理不仅可以降低沼液有机肥生产成本，更重要的是可以降低高昂的沼液运输成本，有利于系统演化跳出"不良"锁定状态；③养殖场通过偷排沼液等负外部性方式降低过量沼液的处理成本，将不利于系统演化跳出"不良"锁定状态；④养殖场土地资源禀赋与其参与沼液有机肥合作开发意愿成反比，养殖规模与其参与沼液有机肥合作开发意愿成正比；资源化利用企业生产沼液有机肥的机会成本与其参与沼液有机肥合作开发意愿成反比。

第二，从系统稳定性的视角，采用演化博弈方法，通过对猪粪尿资源化利用博弈模型均衡点的稳定性分析可知：受农业废弃物污染和资源双重属性的影响，收费和收购模式均具有一定的适用性，在不同条件下，存在仅收费或收购的单一交易模式以及收费与收购并存的混合交易模式；在混合交易模式中，收费与收购模式的稳定性存在此消彼长的反向变化关系，受农业废弃物中不可回收物占比的影响，收费模式与收购模式之间存在模式转换的临界点；针对混合交易模式中的收费与收购模式，分别得出每种模式下的最优定价表达式。

第三，补贴退坡、原料市场价格升高、物流成本高等不利因素，使得农林生物质发电行业的发展陷入困境，通过加强供应链中各主体之间的协作，提升各主体收益，是促进供应链可持续发展的重要途径。构建发电厂和中间商构成的农林生物质发电供应链博弈模型，通过对分散式决策与集中式决策的对比，发现"中间商—发电厂"二级供应链存在双重边际效应，而基于中间商收集量激励的发电厂收益共享契约可以完全消除双重边际效应，实现帕累托最优。

第四，农林生物质发电行业的发展面临着诸多困难。构建发电厂和中间商构成的农林生物质发电供应链博弈模型，通过对分散式决策与集中式决策的对比得到以下结论：①集中式决策下，中间商农林生物质收集量和供应链总收益总是优于分散式决策，通过Shapley值法可以对发电厂、中间商构成的二级供应链进行协调；②参数灵敏度分析表明，政府补贴标准、生物质密度是供应链总收益的关键影响因素，在其他参数取值不变的情况下，政府补贴标准、生物质密度降低对供应链各方面都会产生负面作用，但通过集中式决策可以一定程度上减弱负面作用的影响。

第五，考虑天气因素，研究了秸秆资源化利用供应链中的运作问题，重点分析了制造商秸秆收购标准、天气、消费者偏好对供应链的影响，得出以下成果：制造商提高秸秆收购标准、天气的不利变化都会给秸秆资源化利用带来负面的影响；消费者对再制品的绿色偏好对秸秆资源化利用有全方位的激励作用；通过"收集量激励—收益共享"契约可有效避免双重边际效应，使供应链协调。

第六，考虑季节因素，构建养殖废弃物资源化利用演化博弈模型，分析双方参与策略选择，得到如下结论：①养殖废弃物资源化利用的稳定性与养殖场违规处理废弃物成本正相关，与养殖场、资源化利用企业的参与成本负相关；②资源化利用企业向养殖场购买废弃物或是养殖场向资源化利用企业支付废弃物治理费用，价格的变动对资源化利用稳定性的影响都是随机的；③养殖废弃物资源化利用稳定性受季节交替影响而存在两种周期性变化规律，但具体表现出何种变化规律取决于养殖场合规处理废弃物与违规处理废弃物成本之间的大小关系。

第七，从社会总福利的视角探讨了如何制定秸秆离田补贴，并重点研究了政府财政预算约束下的离田补贴决策，研究发现，①秸秆还田补贴提高了农户收益，但对加工厂收益、中间商收益、秸秆离田量、社会总福利均无影响。提高秸秆离田补贴有利于提高秸秆离田量、加工厂收益、中间商收益、农户收益，是一项集环境保护、农户增收、秸秆利用产业化三大作用于一体的举措。②在秸秆还田补贴力度不变的情况下，适度提高秸秆离田补贴既可以不增加政府补贴总支出，又可以实现加工厂收益、中间商收益、农户收益、秸秆离田量、社会总福利的提升。③秸秆离田补贴并非越高越好，秸秆离田存在最优的经济规模。社会总福利随着秸秆离田补贴的提高呈现先增长后降低的变化趋势。过高的秸秆离田补贴虽提高了秸秆离田量，但也大大增加了政府的财政支出，导致社会总福利损失。

第八，构建农业废弃物治理企业与地方政府两方演化博弈模型，探究政府补贴对农业废弃物资源化利用产业链的影响。对演化稳定策略分析表明，①提高政府补贴力度是必要的，但仅提高政府补贴力度不足以促使资源化利用产业链长期稳定运营，还需对政府补贴力度进行适时调整；②提出固定下限—调整上限及固定上限—调整下限两种补贴动态调整机制，对比两种调整机制表明，固定上限—调整下限补贴动态调整机制下的产业链稳定性在农业废弃物供应量充足时较高，而固定下限—调整上限补贴动态调整机制下的产业链稳定性在农业废弃物供应量不足时较高；③参数分析表明，产业链稳定性与不参与资源化利用的农业生产主体中合规处理废弃物的比例及废弃物处理量成反比，与政府对不参与资源化利用的农业生产主体废弃物处理检查强度、违规处理废弃物的处罚力度成正比。

本书系安徽省哲学社会科学规划项目"产业链协同发展视角下农业废弃物资源化利用补贴方案研究（AHSKQ2020D28）"研究成果。

在本书的写作过程中，感谢我的学生胡子坤同学撰写了5万字，感谢淮北师范大学数学科学学院王乙娜老师撰写了2万字。

张　浩

2022年1月

C 目 录
ONTENTS

第一章 绪 论……………………………………………… 1

第一节 研究背景 ………………………………………… 1

第二节 研究目标及意义 ………………………………… 2

第三节 研究内容及方法 ………………………………… 5

第四节 研究思路及主要创新点 ………………………… 8

第二章 农业废弃物资源化利用发展现状及理论基础…………… 10

第一节 发展现状 ………………………………………… 10

第二节 理论基础 ………………………………………… 25

第三节 分析工具 ………………………………………… 38

第三章 农业废弃物资源化利用合作模式 ………………… 44

第一节 规模养殖沼液资源化利用模式 ………………… 46

第二节 规模养殖猪粪尿资源化利用模式 ……………… 56

本章小结 ………………………………………………… 64

第四章 农林生物质发电供应链协调机制 ………………… 66

第一节 我国生物质发电现状分析 ……………………… 66

第二节 基于收集量激励的农林生物质发电供应链协调 ……… 73

第三节 补贴退坡视角下农林生物质发电供应链运作 …… 77

本章小结 …… 86

第五章 农业废弃物资源化利用产业链稳定性 …… 87

第一节 天气影响下秸秆资源化利用供应链稳定性 …… 87

第二节 季节交替下养殖废弃物资源化利用稳定性 …… 94

本章小结 …… 105

第六章 农业废弃物资源化利用补贴方案 …… 106

第一节 秸秆资源化利用补贴决策分析 …… 106

第二节 农业废弃物资源化利用政府补贴调整机制 …… 122

本章小结 …… 145

第七章 研究成果、政策建议与研究展望 …… 147

第一节 研究成果 …… 147

第二节 政策建议 …… 150

第三节 研究展望 …… 155

参考文献 …… 157

第一章 绪 论

1

第一节 研究背景

改革开放以来，我国农业经济快速发展，农产品数量、质量都有了较大提升。然而，长期的粗放型生产方式，使得我国农业发展以牺牲生态环境为代价，农村绿色经济发展规划流于形式，农业污染问题日趋严重，一定程度上制约了我国农业经济发展与转型。据2016年农业部《关于推进农业废弃物资源化利用试点的方案》中公布的数据，全国每年产生畜禽粪污38亿t，综合利用率不到60%，畜禽直接排泄的粪便约18亿t，养殖过程产生的污水量约20亿t；每年生猪病死淘汰量约6 000万头，集中的专业无害化处理比例不高；每年产生秸秆近9亿t，未利用的约2亿t；每年使用农膜200多万吨，当季回收率不足2/3。这些未实现资源化利用的农业废弃物具有量大面广、种类繁杂、可再生、可利用、地域性显著等特点，随意堆放、肆意焚烧，给周边城乡生态环境造成了严重的危害，也造成了资源的浪费。

农业废弃物的资源化利用不仅能够有效解决农业面源污染问题，保障美丽宜居乡村的建设，还可以促进农业结构调整，助力农业可持续发展和农业供给侧结构性改革，也为我国解决农村能源、资源缺乏问题提供一条可持续发展路径。为了促进农业废弃物的高效化、无害化和资源化利用，国家出台了一系列农业废弃物资源化利用的政策和办法。2020年，农业农村部、工业和信息化部、生态环境部、市场监管总局联合公布《农用薄膜管理办法》，要求农用薄膜生产者、销售者、回收网点、废旧农用薄膜回收再利用企业或其他组织等应当开展合作，采取多种方式，建立健全农用薄膜回收利用体系，推动废旧农用薄膜回收、处理和再利用。2021年中央一号文件指出要推进农业绿色发展，加强畜禽粪污资源化利用，全面实施秸秆综合利用和农膜、农药包装物回收行动，加强可降解农膜研发推广，在长江经济带、黄河流域建设一批农业面源污染综合治理示范县。2021年，农业农村部会同财政部安排中央财政资金27亿元，全面实施秸秆综合利用行动，推动各地坚持农用优先、多元利用的原则，在县域范围内培养壮大一批秸秆综合利用市场主体，激发秸秆还田、离田、加工利用等各环节市场主体活力，探索可推广、可持续的产业模式和秸秆综合利用稳定运行机制，打造一批产业化利用典型样板，持续扩大秸秆综合利用实施规模，稳步提高区域秸秆综合利用能力。同年1月，国家发展和改革委员会（以下简称发改委）、科技部、工业和信息化部等10部门联合发布《关于推进污水资源化利用的指导意见》，要求逐步建设完善农业污水收集处理再利用设施，处理达标后实现就近灌溉回用。以规模化畜禽养殖场为重点，探索完善运行机制，开展畜禽粪污资源化利用，促进种养结合农牧循环发展，到2025年全国畜禽粪污综合利用率达到80%以上。2021年7月，发改委发布《"十四五"循环经济发展规划》，要求加强畜禽粪污处理设施建设，鼓励种养结合，促进农用有机肥就地就近还田利用。各省市也积极开展农业废弃物资源化利用试点工作，贯彻落实中央有关"推进种养业废弃物资源化利用"等决策部署，努力解决农村环境脏乱差问题，建设美丽宜居乡村，积极应对经济新常态、促投资稳增长。

农业废弃物资源化利用是农村环境治理的重要内容。我国目前正处于转变农业发展方式、提高技术装备水平、走中国特色农业现代化道路的关键时刻。农业废弃物的资源化利用是实现农产品生产环境保护、改善农村环境、发展可持续农业的重要举措。而推动农业废弃物资源化利用产业链的市场化运营，促进其良性发展，是保障废弃物资源化利用可持续发展的必然路径。

第二节 研究目标及意义

一、研究目标

本书以农业废弃物资源化利用为研究对象，在分析农业生产者、资源化利用企业等参与主体的效益与成本函数的基础上，针对养殖废弃物、秸秆的不同特点与资源化利用中存在的突出问题，构建相应的养殖废弃物资源化利用演化博弈模型、秸秆资源化利用动态博弈模型等模型，定性与定量分析内外因素对各主体行为的作用机理，开展农业废弃物产业链的优化政策设计组合研究。研究成果一方面为政策优化设计提供依据，另一方面进一步丰富产业经济相关理论，实现理论与实践的共同提升。本书拟达到以下主要目标。

1. 明确养殖废弃物资源化利用模式适用性

部分养殖场自建沼气工程设施，对猪粪尿处理再利用后，将沼液交由资源化利用企业处理；部分养殖场将猪粪尿全量化交由资源化利用企业处理。因此，养殖废弃物资源化利用存在两种模式：沼液资源化利用模式与猪粪尿资源化利用模式。针对两种废弃物资源化利用模式的特点，构建相应的定量模型，探究沼液有机肥资源化利用模式适用条件。

2. 促进秸秆发电供应链协调运作

秸秆发电是秸秆优化利用的最主要形式之一。随着《中华人民共和国可再生能源法》和《可再生能源发电价格和费用分摊管理试行办法》等的出台，秸秆发电备受关注，秸秆发电呈快速增长趋势。秸秆是一种很好的清洁可再生能源，每两吨秸秆的热值就相当于1t标准煤，而且其平均含硫量只有3.8‰，而煤的平均含硫量约达1%。在生物质的再生利用过程中，对缓解和最终解决温室效应问题将作出重要贡献。然而，由于秸秆收储成本高、效益低等诸多不利因素，致使秸秆发电行业利润低下，发展困难。当前即将开始实施的生物质发电补贴退坡政策，必然会对秸秆发电行业带来更加不利的影响。而通过加强秸秆发电供应链内部的合作，降低供应链成本，提高供应链绩效，是有效提升行业竞争力的重要途径。因此，有必要通过机制设计，促进秸秆发电供应链的协调运作。

3. 提升农业废弃物资源化利用稳定性

农业废弃物资源化利用的稳定运营依赖于农业生产者和资源化利用企业的持续参与。受季节、天气影响是农业生产活动的显著特征。而季节、天气变化是农业生产活动中的不可抗拒因素，往往会对农业生产活动产生不良的影响，进而影响农业废弃物资源化利用产业链的稳定性。本书针对猪粪尿及秸秆两种农业废弃物，分别进行定量研究，探究养殖废弃物

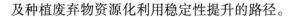

及种植废弃物资源化利用稳定性提升的路径。

4. 提高农业废弃物资源化利用财政补贴的效率

为了引导社会资本进入农业废弃物资源化利用，各地政府实施了多种扶持政策，其中财政补贴是一种广泛采用的有效措施。例如，2017年，国务院办公厅印发《关于加快推进畜禽养殖废弃物资源化利用的意见》，初步确立了畜禽养殖废弃物资源化利用的政策支持体系。各有关部门立足自身职能，加强政策创设，加大支持力度，加快推进畜禽养殖废弃物资源化利用。农业部高度重视发挥农机购置补贴政策引导作用，支持农民购置使用畜禽养殖废弃物资源化利用机具。目前，全国农机购置补贴机具种类范围已包括清粪机、粪污固液分离机、畜禽粪便发酵处理机、有机废弃物好氧发酵翻堆机等10个品目的畜禽养殖废弃物资源化利用机具。2018年以来，全国共补贴购置畜禽养殖废弃物资源化利用机具1.1万台，使用补贴资金1.6亿元。下一步，农业农村部将继续优化补贴机具种类范围，将更多的畜禽养殖废弃物利用机具纳入补贴范围，加快提升畜禽养殖废弃物处理机械化水平。然而，如何提升财政补贴的效率，最大限度地发挥财政补贴的效果，始终是一个值得研究的问题。因此，有必要研究在财政预算的约束下，如何提升财政补贴效率。

二、研究意义

1. 现实意义

党中央、国务院在《全国农业可持续发展规划（2015—2030年）》中明确指出，到2030年，全国基本实现农业废弃物趋零排放，农业主产区农膜和农药包装废弃物实现基本回收利用。而农业废弃物资源化利用的专业化、市场化运营，是实现《全国农业可持续发展规划（2015—2030年）》的重要路径。本书以农业废弃物资源化利用为研究对象，针对不同类型农业废弃物的特点，探究如何完善农业废弃物资源化利用动力机制，探索提升其产业链运作绩效的长效机制与重要途径，进而促进农业废弃物资源化利用产业链协同发展，找出区域农村生态环境保护与经济高质量融合协调发展可行路径，为相关部门和企业推动农业废弃物资源化利用、持续高质量发展提供理论与决策依据。

2. 理论意义

农业废弃物资源化利用产业链涉及多方面因素的共同作用，是多元主体协同治理的结果，是一个复杂的系统工程。我国当前环境形势严峻，制造业等多行业均存在不同程度的环境污染问题。虽然各行业的污染源及污染情形不同，但均是一个复杂的系统问题，研究思路也具有一定的共性。本书研究思路可以为研究工业、制造业等其他行业污染物的资源化利用这一复杂系统工程提供参考与借鉴价值，所得成果可以进一步丰富产业经济与农业可持续发展相关理论，完善区域循环经济理论和方法。

第三节 研究内容及方法

一、研究内容

农业废弃物资源化利用产业链所处的系统是一个复杂系统，该系统由产业链行为主体子系统、产业链内部环境子系统、产业链外部环境子系统和政策子系统等子系统构成。其中，产业链行为主体子系统包含农业生产主体、政府相关部门和资源化利用企业3个行为主体；产业链内部环境子系统的构成要素包括资源化利用企业规模与发展阶段、农业生产主体资源禀赋等；产业链外部环境子系统的构成要素包括市场发展情况、季节、天气等；政策子系统由激励与约束两部分构成，包括政府实施农业废弃物资源化利用财政补贴等。在确定农业废弃物资源化利用系统要素基础上，厘清各主体的收益成本函数，构建相应的定量分析模型，开展养殖废弃物资源化利用模式研究，秸秆发电供应链协调机制研究，季节、天气影响下农业废弃物资源化利用产业链稳定性研究，秸秆资源化利用补贴方案研究。

1. 养殖废弃物资源化利用模式研究

针对沼液资源化利用模式，为了探究如何引导养殖场和资源化利用企业这两大参与主体参与沼液有机肥资源化利用，构建了生猪规模养殖场和资源化利用企业行为交互作用下的演化模型。考虑生猪规模养殖沼液偷排行为、"种养结合"模式、养殖场土地资源禀赋等重要因素，从收益成本

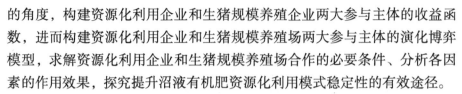

的角度，构建资源化利用企业和生猪规模养殖企业两大参与主体的收益函数，进而构建资源化利用企业和生猪规模养殖场两大参与主体的演化博弈模型，求解资源化利用企业和生猪规模养殖场合作的必要条件、分析各因素的作用效果，探究提升沼液有机肥资源化利用模式稳定性的有效途径。

针对猪粪尿资源化利用模式，为了探究如何引导养殖场和资源化利用企业这两大参与主体参与猪粪尿资源化利用，基于猪粪尿资源化利用收费与收购并存的演化博弈模型，求解收费模式与收购模式的适用条件及收费模式与收购模式的最优定价表达式，最后以新余市正合公司猪粪尿资源化利用项目为背景，探讨了如何构建相应的契约。

2. 秸秆发电供应链协调机制研究

针对发电厂和秸秆收集商构成的秸秆生物质发电二级供应链，研究如何加强上下游的协调运作来提升供应链收益。运用动态博弈方法，构建相应的博弈模型，对秸秆生物质发电供应链决策进行研究。通过对比分散式决策与集中式决策下的模型解释验证双重边际效应的存在，并提出相应的协调契约及利益分配机制，最后分析了秸秆生物质发电二级供应链的关键影响因素，为秸秆发电供应链的协调运作提供理论依据。

3. 季节、天气影响下农业废弃物资源化利用产业链稳定性研究

根据规模养殖的特点，厘清季节变换对规模养殖的影响，明确规模养殖场、资源化利用企业的交互支付矩阵，进而构建季节交替下养殖废弃物资源化利用演化博弈模型，重点研究季节交替以及其他因素对养殖废弃物资源化利用产业链稳定性的影响，进一步提升养殖废弃物资源化利用产业链在不可抗拒因素下的系统稳定性。

根据农业种植的特点，厘清天气变化对农业种植的影响，明确秸秆收集商、资源化利用企业的收益函数，构建天气因素影响下秸秆资源化利用的动态博弈模型，重点研究天气以及其他因素对秸秆资源化利用供应链中各主体的影响，进一步提升种植废弃物资源化利用产业链在不可抗拒因素下的系统稳定性。

4. 秸秆资源化利用补贴方案研究

针对秸秆资源化利用中的离田环节，考虑离田与还田两种利用途径，构建"收集商+资源化利用企业"收储运博弈模型，重点研究了政府

实施秸秆离田补贴对农户、收集商、资源化利用企业收益的影响，并以江苏省秸秆综合利用为例进行了算例分析，为制定合理的秸秆离田补贴方案提供政策参考。

针对农业废弃物资源化利用中的再利用环节，构建资源化利用企业与地方政府两方演化博弈模型，探究政府补贴对农业废弃物资源化利用中资源化利用企业、政府策略选择的影响。通过对演化稳定策略分析来探究政府补贴优化机制。

二、研究方法

1. 利用演化博弈分析方法，开展养殖废弃物资源化利用模式研究、养殖废弃物资源化利用稳定性研究、农业废弃物资源化利用中的再制造补贴研究

针对沼液及猪粪尿两种养殖废弃物资源化利用模式，构建规模养殖场和资源化利用企业演化博弈模型，分别探究两种合作模式的适用性；构建季节交替下养殖废弃物资源化利用演化博弈模型，重点研究季节、交替以及其他因素对养殖废弃物资源化利用产业链稳定性的影响；构建资源化利用企业与地方政府两方演化博弈模型，优化政府补贴机制。

2. 利用动态博弈分析方法，开展秸秆资源化利用供应链运作研究、秸秆离田补贴决策的博弈分析

考虑天气影响，构建秸秆资源化利用的动态博弈模型，分析秸秆收集商、资源化利用企业的收益变动情况；针对发电厂和秸秆收集商构成的秸秆生物质发电二级供应链，运用动态博弈方法，研究如何加强上下游的协调运作来提升供应链收益。

3. 利用系统动力学调控参数组合仿真技术，开展农业废弃物资源化利用补贴研究仿真分析

利用系统动力学逐树仿真方法，构建农业废弃物资源化利用演化博弈流率入树模型，开展调控参数设计组合研究；通过系统动力学模型的调控参数组合仿真分析，开展农业废弃物资源化利用补贴优化设计。

第四节 研究思路及主要创新点

一、研究思路

首先，在界定农业废弃物资源化利用系统各要素基础上，厘清各主体的收益成本函数，构建养殖废弃物资源化利用演化博弈模型，分别探究两种合作模式的适用性；其次，针对当前秸秆生物质发电行业面临的困境，构建由秸秆收集商与资源化利用企业构成的二级供应链，进行秸秆资源化利用产业链协调机制优化设计；再次，考虑农业生产活动易受气候变迁的影响，构建季节交替下的养殖废弃物资源化利用演化博弈模型及天气变化下的秸秆资源化利用动态博弈模型，研究不可抗拒因素对农业废弃物资源化利用产业链稳定性的影响；最后，针对秸秆资源化利用过程的离田环节及再利用环节，分别构建秸秆离田动态博弈模型及再利用环节补贴演化博弈模型，进行政府补贴优化设计研究。

二、创新点

第一，当前针对农业废弃物资源化利用契约的研究都是基于单一模式下的定价研究，即仅考虑收费模式或收购模式，但缺少对如何选择第三方资源化利用模式的研究，实质上是仅考虑了农业废弃物的单一属性，缺乏对农业废弃物污染和资源双重属性的考量。基于此，运用演化博弈理论，从演化稳定性的视角，通过对农业废弃物资源化利用双模式的对比分析，探索如何先选择资源化利用模式后定价，从而构建更为合理的农业废弃物资源化利用契约。

第二，受季节影响是生猪规模养殖污染物治理的显著特征，当前学者对养殖废弃物资源化利用稳定性的研究中，缺少对季节交替这一因素的考量，因此也缺乏针对季节变化提出的政策建议，基于此，本书考虑季节交替这一客观规律。在研究方法上，运用演化博弈理论，通过分析养殖场和资源化利用企业多次交互作用下的策略选择，来刻画"各参与主体合作的持续性"的变化规律，为养殖废弃物资源化利用稳定性的提升提供理论依据。

受天气影响是秸秆品质波动的显著特征，由于秸秆在收集过程中易受降雨等天气影响，导致含水量过高，一方面增加了资源化利用难度，另一方面难以储存，需处理后才可达到制造商的收购标准，而现有的研究鲜有考虑天气因素的影响。基于此，本书重点分析天气对秸秆资源化利用供应链运作的影响研究，为秸秆资源化利用高质量发展提供理论参考。

第三，当前的研究为秸秆综合利用提供了丰富的理论参考，但仍存在值得进一步研究的地方：一是缺乏政府补贴对社会总福利影响的分析；二是提升政府补贴对综合利用具有正向激励作用是毋庸置疑的，然而，提升补贴有可能增大政府财政支出，给政府带来更大的财政压力，使得补贴延期兑现，进而影响整个行业的发展，因此，有必要考虑政府财政支出情况。基于此，本书重点分析政府实施中间商离田补贴对资源化利用中各参与者收益、社会总福利、政府财政支出的影响，为秸秆综合利用的可持续发展提供理论参考。

第二章 农业废弃物资源化利用发展现状及理论基础

2

第一节 发展现状

农业废弃物是指整个农业生产过程中被丢弃的物质，主要包括农林生产过程中产生的植物类残余废弃物、牧渔业生产过程中产生的动物类残余废弃物、农产品加工过程中产生的加工类残余废弃物和废旧农膜、农药化肥包装等。从主要成分来看，农业废弃物主要有两种类型：一是有机质，主要包括种植废弃物和养殖废弃物，种植废弃物主要指农田和果园残留物，如作物或果树的秸秆或枝条、杂草、落叶、果实外壳、农副产品加工后的剩余物等。养殖废弃物主要指牲畜和家禽的粪便、畜栏垫料、养殖污水等。二是人造材料，主要包括废旧农膜、地膜、农药化肥包装等。

一、农业废弃物资源化利用的必要性

农业废弃物资源化利用的必要性主要体现在两个方面。

1.减少污染，保护生态环境

随着我国农业技术进步，我国农产品的产量大幅增长，农业废弃物总量也急剧增加。然而，养殖废弃物、种植废弃物得不到良好的处理，使得多种污染物质（有机类污染物质、含磷物质和含氮物质）残留在耕地里，造成土地污染，又随地表水流入水域，造成水体污染；农用地膜大量残留在耕地中，极难降解，严重影响土壤的通气性和水肥传导能力，造成土壤结块、粮食减产，农业面源污染和生态退化的形势日趋严峻。本书借鉴王思如（2021）中对农业面源污染（ANP）的测算数据来说明农业面源污染现状。

由表2-1可以看出，2016年，全国多个省份单位面积污染负荷系数已

达到存有威胁的标准，山东、河南、江苏等传统的农业大省单位面积污染负荷系数已经达到了严重威胁的标准。根据总氮和总磷等标污染负荷指数，超过全国平均值的有宁夏、山东、天津、河南、河北、山西和辽宁，上述省份均值为其他24个省份均值的10倍以上，这表明，我国农业面源污染的现状不容乐观。

由表2-2可知，2016年，我国ANP总氮排放量为294.3万t、总磷排放量为33.1万t，其中，农田种植、畜禽养殖的总氮、总磷排放总量均超过90%，说明种植业和畜禽养殖业的废弃物资源化利用应是重中之重。不同省份的ANP总氮、总磷排放源差异较大，例如13个总氮排放量较大的省份中，山东、河北、湖北、江苏、安徽、广西、四川7省由农田种植主导，河南、广东、湖南、福建、黑龙江、辽宁6省份由畜禽养殖主导，这主要与各省份的农业生产结构有重要关系，这说明各个省份的农业废弃物资源化利用的侧重点也有所不同。

2. 变废为宝，推动农村资源能源化升级

长期以来，我国广大农村地区与城镇地区在基础设施与公共服务方面存在发展不均衡的现象，存在城乡二元制的问题。农村地区能源基础设施薄弱，技术开发资金投入欠缺，燃气、液化气和天然气供应尚未能普及到所有乡镇，部分偏远地区农网设备陈旧落后，电气化水平低，农村商品能源总体供给不足，部分地区能源贫困问题依然存在，能源消费层次低，消费结构不合理，农村能源消费需求难以得到有效满足，难以适应城乡融合发展。与此形成鲜明对比的是，农村废弃物资源化利用水平低，丰富的秸秆、大量的畜禽粪污，并未得到充分的利用，秸秆露天焚烧、畜禽粪污违规排放的现象时常发生。

2021年，指导"三农"工作的中央一号文件指出，要加大农村电网建设力度，全面巩固提升农村电力保障水平；推进燃气下乡，支持建设安全可靠的乡村储气罐和微管网供气系统；加强煤炭清洁化利用。利用养殖废弃物、秸秆进行发酵产生沼气，既可以用于发电又可以提供清洁的生活燃料，利用秸秆制造碳化燃料，既能替代煤炭，又是无污染的可再生能源。因此，农业废弃物的资源化利用，不仅对解决农业面源污染具有重要意义，也是推动能源供给清洁化升级的重要途径。

表2-1 2016年全国各省市ANP单位面积污染负荷系数与等标污染负荷系数

省、自治区、直辖市	单位面积污染负荷系数		等标污染负荷系数							
	总氮	总磷	总氮				总磷			
			农田种植	畜禽养殖	水产养殖	合计	农田种植	畜禽养殖	水产养殖	合计
山东	388.10***	582.44****	10.75	7.25	0.13	18.13*	2.67	12.73	0.14	15.45*
河南	282.48***	253.13***	4.38	4.85	0.13	9.36*	1.09	3.58	0.11	4.78*
河北	139.54***	102.07***	6.22	2.04	0.16	8.42*	1.64	1.71	0.16	3.51*
广东	141.29***	176.60****	0.28	0.33	0.08	0.69	0.16	0.26	0.08	0.50
湖北	120.39***	117.17***	0.50	0.33	0.17	1.00	0.18	0.21	0.17	0.56
湖南	101.09***	101.71***	0.31	0.31	0.03	0.65	0.14	0.20	0.03	0.37
江苏	208.47***	212.79***	1.14	0.67	0.12	1.93	0.27	0.71	0.14	1.12
福建	167.87***	203.30***	0.13	0.44	0.07	0.64	0.07	0.32	0.06	0.45
黑龙江	42.59	27.06	0.48	1.11	0.01	1.60	0.17	0.41	0.01	0.59
安徽	134.15***	110.57***	0.74	0.23	0.03	1.00	0.20	0.24	0.03	0.47
广西	71.46*	68.20*	0.32	0.18	0.02	0.52	0.16	0.11	0.02	0.29
辽宁	112.43***	115.09***	0.53	2.65	0.13	3.31*	0.17	1.69	0.07	1.93*
四川	32.46	32.46	0.33	0.10	0.01	0.44	0.14	0.11	0.01	0.26
江西	66.43*	70.30*	0.18	0.14	0.01	0.33	0.09	0.10	0.01	0.20
陕西	53.44	31.74	1.91	0.78	0.02	2.71	0.64	0.26	0.02	0.92
云南	27.87	28.29	0.30	0.04	0.00	0.34	0.15	0.04	0.00	0.19

（续表）

省、自治区、直辖市	单位面积污染负荷系数		等标污染负荷系数							
	总氮	总磷	总氮				总磷			
			农田种植	畜禽养殖	水产殖	合计	农田种植	畜禽养殖	水产养殖	合计
新疆	6.23	2.13	0.36	0.27	0.00	0.63	0.08	0.04	0.00	0.12
浙江	94.51**	84.85**	0.28	0.16	0.04	0.48	0.12	0.10	0.03	0.25
内蒙古	7.38	5.22	0.72	0.65	0.01	1.38	0.21	0.34	0.01	0.56
吉林	44.71	30.44	0.42	0.72	0.00	1.14	0.11	0.33	0.00	0.44
山西	47.35	38.10	2.59	1.09	0.01	3.69*	0.67	1.02	0.01	1.70*
贵州	33.19	31.79	0.30	0.04	0.00	0.37	0.14	0.03	0.03	0.20
甘肃	11.74	6.02	1.22	0.89	0.01	2.12	0.41	0.20	0.01	0.62
海南	149.85***	158.73***	0.46	0.16	0.07	0.69	0.27	0.11	0.05	0.43
重庆	55.94	63.60*	0.37	0.13	0.02	0.52	0.18	0.13	0.02	0.33
宁夏	45.00	15.34	5.77	14.24	0.82	20.83*	1.62	1.62	0.81	4.05*
天津	241.22***	235.89***	4.40	3.78	1.47	9.65*	1.08	2.85	1.45	5.38*
北京	93.23**	56.38	2.07	0.75	0.17	2.99	0.42	0.46	0.15	1.03
上海	178.07***	137.78***	0.78	0.38	0.07	1.23	0.27	0.20	0.08	0.55
西藏	0.61	0.36	0.01	0.00	0.00	0.01	0.00	0.00	0.00	0.00
青海	0.91	0.44	0.03	0.05	0.00	0.08	0.01	0.01	0.00	0.02

注：单位面积污染负荷系数中***代表构成严重威胁，**代表构成威胁，*代表构成稍有威胁，无*代表不构成威胁；等标污染负荷指数中*代表平均值以上。

表2-2 2016年全国各省市ANP排放及各行业贡献率

省、自治区、直辖市	总氮排放量（万t）	总氮排放强度（万t/km²）	总氮排放贡献率（%）			总磷排放量（万t）	总磷排放强度（万t/km²）	总磷排放贡献率（%）		
			农田种植	畜禽养殖	水产养殖			农田种植	畜禽养殖	水产养殖
山东	39.95	2.60	59.29	39.98	0.73	6.84	0.45	17.16	81.93	0.91
河南	31.57	1.89	46.80	51.85	1.35	3.23	0.19	22.81	74.87	2.32
河北	17.53	0.93	73.86	24.21	1.93	2.43	0.13	32.32	52.29	15.39
广东	17.02	0.95	40.58	48.06	11.36	1.88	0.16	15.61	71.07	13.32
湖北	14.98	0.81	50.09	32.87	17.04	1.67	0.16	24.34	63.58	12.08
湖南	14.33	0.68	46.87	48.12	5.01	1.66	0.09	31.81	37.18	31.01
江苏	14.31	1.40	58.87	34.90	6.23	1.65	0.08	36.79	54.57	8.64
福建	13.63	1.12	20.51	68.50	10.99	1.46	0.08	46.59	48.77	4.64
黑龙江	13.48	0.29	30.13	69.16	0.71	1.28	0.09	8.74	87.56	3.71
安徽	12.54	0.90	73.69	22.92	3.39	1.23	0.05	56.20	37.60	6.21
广西	11.29	0.48	61.14	35.27	3.59	1.19	0.02	53.37	42.00	4.63
辽宁	10.98	0.75	16.06	79.99	3.95	1.18	0.08	41.37	51.40	7.23
四川	10.46	0.22	73.99	23.19	2.82	0.98	0.02	28.81	70.16	1.03
江西	7.42	0.44	54.52	42.09	3.38	0.90	0.05	44.13	50.66	5.21
陕西	7.35	0.36	70.50	28.63	0.87	0.83	0.02	77.63	20.07	2.29

（续表）

省、自治区、直辖市	总氮排放量（万t）	总氮排放强度（万t/km²）	总氮排放贡献率（%）			总磷排放量（万t）	总磷排放强度（万t/km²）	总磷排放贡献率（%）		
			农田种植	畜禽养殖	水产养殖			农田种植	畜禽养殖	水产养殖
云南	7.15	0.19	87.67	10.91	1.43	0.66	0.06	46.93	39.89	13.19
新疆	6.92	0.04	57.21	42.26	0.52	0.50	0.02	69.33	28.06	2.61
浙江	6.45	0.63	57.99	33.16	8.85	0.47	0.00	38.24	60.85	0.91
内蒙古	5.84	0.05	52.48	47.14	0.37	0.45	0.03	39.54	59.88	0.58
吉林	5.61	0.30	36.60	62.99	0.41	0.44	0.02	25.15	73.99	0.87
山西	4.95	0.32	70.23	29.49	0.28	0.43	0.02	68.00	15.21	16.79
贵州	3.91	0.22	81.93	9.59	8.48	0.41	0.12	63.94	25.15	10.91
甘肃	3.57	0.08	57.60	42.05	0.36	0.40	0.05	54.71	40.57	4.72
海南	3.41	1.00	66.44	23.29	10.28	0.27	0.00	61.26	36.05	2.70
重庆	3.08	0.37	71.87	24.83	3.30	0.21	0.00	66.79	31.94	1.27
宁夏	2.00	0.30	27.68	68.37	3.95	0.20	0.18	20.12	52.95	26.93
天津	1.82	1.61	45.60	39.13	15.27	0.08	0.01	39.85	40.07	20.08
北京	1.05	0.62	69.34	25.01	5.65	0.07	0.04	41.02	44.32	14.66
上海	0.75	1.19	63.35	31.01	5.64	0.07	0.11	48.90	36.79	14.31
西藏	0.50	0.00	98.93	1.07	0.00	0.03	0.00	98.57	1.43	0.00
青海	0.44	0.01	36.33	63.67	0.00	0.02	0.00	38.69	61.31	0.00

二、农业废弃物资源化利用途径

1.种植废弃物

最常见的是秸秆。秸秆是农作物籽实收获后剩余的富含纤维的植物残留物，一般指的是主产品收获之后遗留下来的附属产品，如农作物的秆、茎、叶、壳等，主要来源于小麦、水稻、玉米、薯类、油料、棉花等。秸秆资源化利用途径主要包括以下5种。

（1）秸秆肥料化。秸秆肥料化利用是指将收获后的农作物秸秆覆盖在大田作物上让其自然腐烂，或者将秸秆粉碎后进行堆肥和生产商品有机肥，主要有秸秆还田、秸秆生物反应堆技术、加工有机肥等技术。①秸秆还田。秸秆还田既能杜绝秸秆焚烧所造成的大气污染，还能增加土壤有机质，改良土壤结构，使土壤疏松，孔隙度增加，容量减轻，促进微生物活力和作物根系的发育，增肥增产作用显著。秸秆还田的方式包括直接还田、快速腐熟还田和堆沤还田等。直接还田技术以秸秆粉碎、旋耕、耙压等机械作业为主，将粉碎成5～10cm厚的秸秆直接混埋在表层和浅层土壤中；快速腐熟还田是在农作物收获后，及时将作物秸秆均匀平铺农田，撒施腐熟剂，调节碳氮比，加快还田秸秆腐熟下沉，以利于下茬农作物的播种和定植，实现秸秆还田利用；堆沤还田是将秸秆与人畜粪尿等有机物质经过堆沤腐熟，不仅产生大量可构成土壤肥力的重要活性物质——腐殖质，而且可产生多种可供农作物吸收利用的营养物质，如有效态氮、磷、钾等。②秸秆生物反应堆技术。秸秆生物反应堆技术是一项充分利用秸秆资源、显著改善农产品品质和提高农产品产量的现代农业生物工程技术，其原理是秸秆通过加入微生物菌种，在好氧的条件下，秸秆被分解为二氧化碳、有机质、矿物质等，并产生一定的热量。二氧化碳促进作物的光合作用，有机质和矿物质为作物提供养分，产生的热量有利于提高温度。③秸秆有机肥生产技术。秸秆有机肥生产是通过创造微生物正常繁殖的良好环境条件，促进微生物代谢进程，加速有机物料分解，放出并聚集热量，提高物料温度，杀灭病原菌和寄生虫卵，获得优质的有机肥料。

（2）秸秆饲料化。饲料化是将农作物秸秆与微生物活干菌混合密封储存，经过一定的发酵过程使秸秆变成草食性动物的饲料。秸秆饲料化利用主要方式有直接饲喂、青贮、微贮、揉搓压块等。很多大型养殖企业，特别是养牛养羊企业都建立了青贮池，到秋收季节收储玉米秸秆进行青贮。青贮饲料以其气味芳香、柔软多汁、适口性好等特点，成为牛、羊等草食家畜优质粗饲料之一，并能起到提高采食量、增加产奶量、改善膘情的较好效果。

（3）秸秆基料化。秸秆富含食用菌所必需的糖分、蛋白质、氨基酸、矿物质、维生素等营养物质，以秸秆为原料生产食用菌，不仅能提高食用菌的产量、品质，还可以充分利用我国丰富而成本低廉的秸秆资源，而且其培养基使用后还可用作优质的有机肥还田。一般秸秆粉碎后可占食用菌栽培料的75%～85%。秸秆袋料栽培食用菌，是目前利用秸秆生产平菇、香菇、金针菇、鸡腿菇的常用方法，投资少、见效快，深受农民欢迎。此外，秸秆还可作育苗基料、花木基料、草坪基料。

（4）秸秆燃料化。燃料化利用是秸秆综合利用的重要途径和方式。①秸秆发电。秸秆发电是指通过锅炉将秸秆直接燃烧或与煤混合燃烧，产生高温高压蒸汽推动蒸汽轮机做功进行发电。②秸秆沼气。秸秆沼气技术是秸秆在厌氧条件下经微生物发酵而产生沼气的工程，可使用稻草、麦秸、玉米秸等多种秸秆，或者秸秆与农村生活垃圾、果蔬废物、粪便等混合发酵，原料组合非常灵活，来源充足。③秸秆气化。秸秆气化通过生物质技术将松散的秸秆变成了清洁方便的燃料，变废为宝，既保护了环境，又满足了农民对高品位燃料的需求，解决农村可再生生物质资源和短缺燃料困难。④秸秆炭化。秸秆炭化是将农作物秸秆、锯末、糠渣、生活垃圾等在不添加任何黏合剂的条件下，采用生物化学技术煤化、调质后高温高压制成的黑色方块燃料，这种生物质颗粒可作为一般燃料使用，含硫低、火力旺，被誉为"绿煤"，广泛应用于家用取暖炉、供暖锅炉、工业锅炉及秸秆发电等方面。

（5）秸秆原料化。秸秆原料化主要应用于建材、化工、草编、造纸等行业。秸秆可制成各种各样的低密度纤维板材；经加压和化学处理，可用于制作装饰板材和一次成型家具，具有强度高、耐腐蚀、防火阻燃、美观大方及价格低廉等特点。这种秸秆板材的开发，对于缓解国内木材供应数量不足和供求趋紧的矛盾、节约森林资源、发展人造板产业具有十分重要的意义。麦秸的主要化学组分与阔叶木材十分类似，是木材的良好可替代原材料，可用来造纸，还可用来生产一次性卫生筷、快餐盒，使用后可自然生物降解，无毒无害不产生任何环境污染，还可以用来生产复合彩瓦，不仅价格十分低廉，同时其生产不受地域、气候、季节、环境影响。秸秆还可以用来编织各式各样的编织品，如草帘、草包、草苫，可用作保温材料和防汛器材，编织草帽、草垫、秸秆花瓣、精密席面等工艺品和日用品。此外，还可以作为生产纤维素的优质工业原料。

根据《第二次全国污染源普查公报》公布的数据显示，2017年，我国秸秆产生量为8.05亿t，秸秆可收集资源量为6.74亿t，秸秆利用量为5.85亿t，可回收资源利用率为86.8%。2017年我国农作物秸秆综合利用率为81.68%，其中饲料化利用率为17.99%，燃料化利用率为2.23%，基料化利用率为11.79%，原料化利用率为2.47%。在农作物秸秆资源化利用中，主要以还田为主，占比达35.00%左右，农作物秸秆堆肥处理占比为12.20%左右（图2-1）。

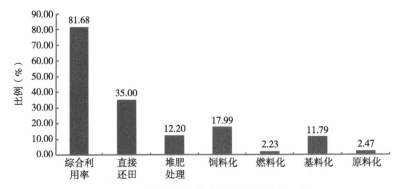

图2-1 2017年中国农作物秸秆资源化处理情况

2. 养殖废弃物

包括畜禽粪便、养殖污水和病死畜禽等，其资源化利用途径主要有以下4种。

（1）畜禽粪便肥料化。肥料化是进行畜禽粪便资源化利用的最广泛形式。畜禽粪便的肥料化利用可以有效降低化肥的使用，改善土壤的结构，有效提高农作物的产量。目前国内畜禽粪便的肥料化手段主要包括经传统方法堆制、自然发酵后直接还田利用、经生物技术发酵处理、生产商品有机肥等。从有机肥肥效的角度看，有机肥的肥效高，超过目前的氮、磷、钾三元复合肥，从有机肥需求的角度看，我国有机肥发展潜力巨大。当前通过工厂化好氧发酵处理生产有机肥是一种比较彻底的畜禽粪便处理方式。

（2）畜禽粪便饲料化。畜禽粪便中含有大量的营养成分，如粗蛋白质、脂肪、钙、磷、维生素B_{12}等，经过适当技术处理后，可杀死病原菌，提高蛋白质的消化率和代谢率，改善适口性，可作为饲料来利用。目前，畜禽粪便的饲料化主要利用模式有直接喂养法、青贮法、热喷法、干燥法等。

（3）畜禽粪便能源化。畜禽粪便能源化即将粪便进行厌氧发酵，通过微生物的代谢作用，将畜禽粪便中的有机物转化为甲烷和二氧化碳，在生产优质燃料的同时，实现粪污减量、循环利用和保护环境的目标。畜禽粪便厌氧发酵不仅能提供清洁能源，还能消除臭味、杀死致病微生物和寄生虫卵，减少畜禽粪便污染，主要产物为沼气、沼渣、沼液。沼气作为清洁能源，对煤炭具有较大的替代作用。沼渣、沼液还可作为有机肥料、食用菌基质、饲料或饲料添加剂加以利用。目前，国内厌氧发酵技术已经成熟，很多地方已经建立了先进的加热搅拌式厌氧发酵沼气罐。

（4）养殖污水资源化。采用种养结合模式，将养殖污水进行厌氧发酵、氧化塘等处理，这种方法对环境的要求较低，也没有高标准的工艺要求，操作起来比较方便。在养分管理的基础上，将沼渣、沼液或肥水应用于大田作物、蔬菜、果树、茶园、林木等。

2017年，我国畜禽粪便综合利用率为72%，畜禽粪便综合利用方式主要为肥料化、饲料化和能源化三大类，其中肥料化是主要的综合利用方式，占比约为58%（图2-2）。

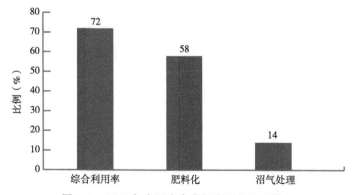

图2-2　2017年中国畜禽粪便资源化处理情况

3. 废旧农膜

指在农业生产过程中废弃不用或者生产完成后失去使用价值的农膜。农膜残留在耕地里的危害主要表现为以下4个方面：一是危害土壤环境。残留农膜破坏土壤结构，影响土壤透气透水性，引起土壤盐碱化等严重土壤灾害。二是危害农作物。残留农膜造成农作物出苗困难，根系生长困难，影响肥效，导致减产。三是危害农村景观。田边地头弃留农膜遍地，甚至残膜滞留在家前屋后、街头巷尾、树梢花坛，造成"视觉污染"，破坏风光景致。四是危害牲畜。牛羊极易误食残留农膜，危害牲畜食道健康，影响牧草消化，甚至引起死亡。

我国废旧农膜回收利用工作首先在西北诸省区开展试点工作。2017年农业部印发《农膜回收行动方案》，在源头减量方面，要求从"推进地膜覆盖技术合理应用，降低地膜覆盖依赖度……加强倒茬轮作制度探索……示范推广一膜多用、行间覆盖等技术"等几个方面减少地膜用量。同时推动地膜新国家标准颁布实施，提高地膜厚度标准，增加拉伸强度与断裂伸长率，从源头保障地膜的可回收性。在回收利用环节，推进地膜捡拾机械化与地膜回收专业化，针对不同地区制定不同回收利用模式。建立"以旧换新、经营主体上交、专业化组织回收、加工企业回收"等多种方式的回收利用机制；探索建立"谁生产、谁回收"的地膜生产者责任延伸制度试点等，由地膜生产企业，统一供膜、统一铺膜、统一回收，地膜回收责任由使用者转到生产者，农民由买产品转为买服务，推动地膜生产企业回收废旧地膜等。

废旧农膜的回收利用主要有两种途径：重复使用、回收再生。其中，回收再生是废旧塑料利用的最主要方法，其技术投资与成本相对较低，成为许多国家作为资源利用的主要方法，主要步骤如下：①收集。为了确保回收的有效性，必须在废弃农膜的源头建立初中级回收站点，以保证能从各地收集到大量的原料。初级回收要注意的问题是，在清除农膜时，要将上面的杂质（尘土、作物或饲草、水、冰等）抖落掉，并清除麻绳；将回收的农膜压缩或捆扎成小捆，并贮藏在室内或农具库房中，使其远离杂质和日光，保持农膜干净和干燥以备中间站回收。为了减少运输费用，必须在中间回收站将农膜进一步进行打包压实。②分选。农膜的主要原料是低密度聚乙烯（LDPE）。随着农膜应用领域的不断扩大，其品种也日益繁多，目前在用的农膜除了普通的棚膜和地膜外，还有许多特种膜，如黑色膜（由PE树脂加炭黑吹塑）、黑白双面膜、银灰膜（PE树脂加铝粉吹塑）、银色反光膜（在PE薄膜上复合一层铝箔而成）和切口膜（将薄膜分切成有规律的暗条状）等。由于有不同类型的塑料制品及其附加物，对回收的原料进行分拣是必要的。③加工。废旧农膜经过加工可以直接转化成塑料颗粒，在加工之前，必须将回收的农膜清洗干净，检查是否有杂质，并根据含杂的程度决定是否回收。农膜中的杂质主要包括泥土、灰尘、沙石、润滑脂、植物根茎、水、其他类型塑料、胶带以及紫外线老化塑料等，一般情况下，废旧农膜的含杂量要低于5%。然后将回收的农膜在切割式粉碎机中切碎，清洗除杂，喂入挤出机，经过高温和高压使塑料熔融，熔融的塑料被挤压成致密的线束，然后冷却，切割成颗粒。这些颗粒被塑料厂加工成新的塑料薄膜制品，还可以开发各种模塑制品，如园林型材、栅栏、农场围栏板等。

4. 农药化肥废弃包装物

相比于养殖废弃物、种植废弃物、废旧农膜，农药化肥废弃包装物回收量小、回收难度低、存放简易。在源头减量方面，主要通过加强环境保护培训，改变农民盲目打药和随意丢弃农药包装物的习惯；鼓励和引导专业化统防统治组织在农药生产企业定制大包装、可回收再利用的包装物贮运农药等，有效减少农药包装废弃物。在回收利用环节，根据《农药包装废弃物回收处理管理办法》，一方面，明确农药生产企业、农药经营单位和农药使用者是农药包装废弃物回收的主体；另一方面，因地制宜探索农药包装废弃物回收模式，合理划分农药生产企业、农药经营单位和农药使用者的回收义务，鼓励使用者自发回收农药包装废弃物，探索农药生产企业有偿回收机制，引导社会资本参与农药包装废弃物回收；加大政策创设，整合相关涉农资金重点支持农药包装废弃物回收工作。

三、农业废弃物资源化利用的SWOT分析

1. 优势（Strengths）

农业废弃物资源化的可能性主要在于已经有比较成熟的技术手段和

模式。对秸秆的资源化利用，有秸秆气化技术、秸秆发电技术、生物质成型与炭化技术等；对畜禽粪便的资源化利用，有成熟的沼气技术、微生物堆肥技术、干燥与除臭技术、厌氧发酵等；对于农用地膜的资源化利用，有分类回收处理技术等。

当前我国已有农业废弃物资源化利用成功运营的典型案例，其资源化利用模式可供其他地区借鉴。甘肃省武威市凉州区的厌氧发酵协同处理项目，该项目覆盖全区17个乡镇约8万人，2016年投入运行，以处理畜禽粪污为主，协同处理易腐垃圾、农作物秸秆等有机废弃物，设计处理能力为820t/d，目前实际处理废弃物350t/d。在投资建设方面，采用企业自筹、政府补助等方式投资9 100万元，在全区建设5个站点，厌氧罐总容积2.2万m³，主要包括半地下式一体化厌氧发酵罐、全封闭式干湿双进料系统、沼渣沼液处理系统等，占地面积5.3万m²。在运营管理方面，企业负责收集处理站周边15km范围内的养殖场粪污、农作物秸秆等，对原料预处理后投入发酵罐进行处理。用工10人，综合运行成本约180元/t。在资源化利用方面，年可产沼气约1 350万m³，其中通过管网向周边供气约145万m³，其余沼气用于发电；年可产沼肥约12万t，用于销售或引导农户"以废换肥"。

火尔赤控股子公司东辽广德汇能生物质能源开发有限公司及梅河口东润汇能生物质能源综合利用有限公司建设了秸秆发电项目，工程分为二期建设。一期工程为生物质秸秆气化，投资为1.069 5亿元，总装机容量为5MW，配备10台全自动生物质（秸秆）无焦油气化炉和10台500kW生物质（秸秆）燃气发电机组及烟气余热回收系统等附属设备。一期工程建成后，年消耗秸秆5万t，年发电量可达4 500万kWh，生产生物质活性炭5 000t，可集中供热3万m²，为附近云山木材厂提供高品质蒸汽4万t。二期工程为沼气/气化双联产，投资为2 001万元，配备原料预处理设备、沼气厌氧设备、压渣脱水设备、有机肥生产设备等沼气专业设备。二期工程建成后，年消耗秸秆及粪污1.63万t，日产沼气5 000m³，年产沼气166.5万m³，年产固态有机肥1万t，实现沼气在东北地区全年连续产气运行。

阜南县政府积极探索发展以农作物秸秆和畜禽废弃物综合利用为主导的现代循环产业，催生了以资源节约、集约、循环利用为主题的"绿色经济"，培育了新的增长点，全县秸秆资源化利用率达98%以上。年产值近50亿元，畜禽粪污综合利用率达90%以上，尤其是2016年与同济大学车用新能源研究院合作，积极推进阜南农业废弃物沼气与生物天然气开发利用PPP项目，着力打造县域动物植物有机废弃物全利用、县域利用全覆盖、复合利用全循环的机制，有效解决了县域废弃物处理、天然气供应、有机肥供应等多项政府关注的民生发展难题。该项工作作为乡村振兴与农村能源转型课题被国家列入"双碳"研究重点项目，2021年4月16日，阜南生物天然气项目被新华社电视栏目《习近平时间》作为三大典型案例之一报道。

2. 劣势（Weaknesses）

（1）收集困难。农业废弃物的收集是制约农业废弃物在各领域中有效应用的巨大障碍之一。主要问题包括以下几个方面：①收集成本高。畜禽养殖场选址偏远，农业废弃物分布分散或被随意丢弃，难以形成规模化收集，收集成本高于利用价值。②废弃物本身特性造成难于收集。秸秆需要投资配套专业的收集设备、筛分设备、打捆设备，才能实现收集利用，增加了成本，导致收集困难。③运输困难。废弃物资源分布广泛，区域性集中，存在农业废弃物规模化利用的运输困难。

（2）农业废弃物处理专业化要求高，建设资金投入不足。农业废弃物处理对现阶段的资源化利用企业来说，专业化技术要求高，一次性投资成本过高，而先进的设备后期维护维修的难度大、费用高，进一步导致某些企业在初期建设时就采用落后的技术，因此，一些先进的技术在产业化的转化过程中得不到应用和推广，导致农业废弃物资源化利用在低水平上重复，不能适应社会生产的需求。

（3）市场化进程缓慢。虽然很多地方已有废弃物资源化利用的传统，但是创新技术不够，有自己知识产权的技术和有很好适应性能以及推广价值的技术则更少。农业废弃物转化产品品种单一、质量差、利用率低、商品价值低，不能形成产业化，无论是在国内还是在国际市场上都缺乏竞争力，也就不能有效地转化农业废弃物，实现资源化循环利用，产业结构升级缓慢。

3. 机遇（Opportunities）

近年来，随着乡村振兴战略的实施和"3060"碳中和目标的提出，农业生产废弃物资源化利用，迎来了政策支持、技术升级的机遇。农业生产废弃物资源化利用是乡村振兴战略的一项重要内容，是加速乡村生态文明建设、实现碳中和目标的重要举措之一，也对改善人居生活环境有重大意义。未来农业废弃物资源化利用的作用、地位和效益将越发突出。随着各项举措的落实，农业废弃物资源化利用的制度、机制、模式和市场将不断成熟。

（1）农业废弃物资源化利用技术模式将得到创新发展。随着产学研深度融合、新型校企研发平台建设等项目的实施，逐步推动农业废弃物资源化利用技术研发水平的不断提高、关键技术研发的不断突破、相关装备制造技术水平的持续提升，以及以高校、农业科研院所、农技推广站为基础和纽带的技术推广体系的不断完善，未来我国农业废弃物资源化利用的先进适用技术推广应用与集成示范将不断强化，从而实现资源的高效利用。

（2）农业废弃物资源化利用市场日益成熟。随着农业废弃物治理产业化运营机制、政策体系等的健全和完善，我国农业废弃物资源化利用的运营市场将会日益成熟。农业废弃物的收集、贮存、运输、处理、产品和市场营销等联结成一体，形成产业链；标准、生产工艺、检测、价格等方面的监控力度将会加强，逐步形成健康有序的运营环境。第三方企业在农业废弃物资源化利用市场上的重要性升级，效益将进一步提高，推动农业废弃物资源化利用产业化发展。

4. 威胁（Threats）

农业废弃物资源化既有必要性，又有可能性，但是，在现实生活中却遇到了严峻的挑战。这种挑战主要来自两个方面，一是农户，农户缺乏进行农业废弃物资源化利用的动力和能力，参与度不够高。从动力方面看，作为理性的经济人，农户首先考虑的是当时、局部的经济利益，而不是长远、全局的利益，当农业废弃物资源化循环利用被认为"不经济"的时候，他们自然缺乏必要的动力，意愿不强、积极性不高；再加上许多农业生产者在农业废弃物资源化利用方面的意识及环保意识有待提高，对农业废弃物资源化利用相关政策的了解程度低，加之媒体的宣传力度不够，使得他们难以完全认识到农业废弃物综合利用的经济、环境与社会价值，废弃物资源化利用的参与度不高，一定程度上对废弃物资源化利用市场化运营带来了障碍。从能力方面看，农业废弃物资源化利用会增加劳动力和资金的投入，而青壮年劳动力大量外流和农民收入水平普遍较低，导致农户缺乏进行农业废弃物资源化利用的能力。二是政府，在农业废弃物资源化利用方面，政府的政策体系缺乏足够的激励和强制的约束机制。目前，在农业废弃物资源化高效利用方面，各级政府已出台相关政策和法规，对农业废弃物资源化利用有了明确的目标要求，但在政策扶持和资金支持的力度上相对还较小，可操作性的实质性的政策措施还未很好地建立和执行，难以有效保障废弃物资源化利用企业的长期运营；对农户使用废弃物资源化的技术或模式所造成的"不经济"结果，没有足够的经济补偿或政策优惠，对农户或农业企业（特别是农户）的废弃物排放没有严格的标准，已有的约束性政策体系又不够完善，出现问题以后，缺乏应有的强制执行力度。

第二节　理论基础

一、规模经济理论

规模经济理论是现代经济学的基本理论之一，微观经济学认为规模经济指厂商在既定的技术条件下，随着生产规模的扩大，投入的生产要素要得到充分利用，使生产要素成本增加的比率小于产量增加的比率，此时产出增加倍数大于成本增加倍数，表现为规模报酬递增，平均成本减少，而使经济效益得到提高。规模不经济指厂商在既定的技术条件下，随着生产规模的扩大，继续投入生产要素，但因生产规模过大，使得生产的各个环节和各个部门之间协调与合作的难度加大，从而降低了生产与管理的效率，导致成本增加的比率大于产量增加的比率，此时产出增加倍数小于成本增加倍数，表现为规模报酬递减，平均成本增加，而使经济效益下降。因此，生产规模的过大或过小都不是最理想的，需要适度规模生产，才能实现规模经济。规模经济和规模报酬存在着紧密的联系，规模报酬是指在既定的技术水平下，当所有投入要素的数量发生同比例变化时产量的变化率，或所有投入要素同比例增加时，产出增加的比率，按其变动的不同方向，可分为规模报酬不变、递减及递增，规模报酬递增是规模经济的特殊情况，规模报酬不变也可能存在规模经济，规模报酬递减是规模不经济的一种情况。

由规模经济理论的发展历程来看，古典经济学者对该理论的发展做出了诸多贡献，提出了许多经典观点。William Petty于1662年提出土地报酬递减规律。AnneJ.Turgot和James Andderson在其基础上分析了土地规模和土地收益之间的关系。以上研究推动了规模经济理论的产生，而真正意义上的规模经济是伴随工厂手工业的兴起发展起来的，Adam Smith于1776年在经典著作《国富论》中以大头针的工序细分为研究对象，阐述了分工和专业化有助于提高工作效率，从而开启了规模经济的萌芽阶段。在斯密分工理论基础上，John Stuart Mill于1848年在其《政治经济学原理》中阐述了规模生产的优点，其认为规模生产有利于节约生产成本。Marx在其1867年出版的《资本论》第一卷中，详细分析了社会劳动生产力的发展须以大规模的生产与协作为前提。Marshall总结前人研究，于1890年在其《经济学原理》中首次用规模经济的概念解释规模报酬递增现象，全面阐述了规模经济理论，极大地推动了规模经济理论的发展。Sraffa分别于1925年、1926年发表了两篇与规模经济相关的论文及其在著作《用商品生产商品》中阐述了规模报酬递增和递减与分工之间的关系。之后Allyn Abbott Young于1928年发表了著名论文《报酬递增与经济进步》，突破了斯密的分工理论，论证了分工与市场规模之间的关系，形成了杨格定理，该定理对推动规模经济理论发展具有重要作用。近现代一些学者全面论述了规模经济效应的存在，如E.Chamberlin、Joan Robinson、Coase、Schum Peter等，Knight、Simons、Schumacher还认为，在某些条件下小厂商也存在规模经济。一些学者对规模经济的测度、企业规模等规模经济问题进行探讨，如Solow、George Joseph Stigler、William Baumol、Harvey Leeibenstein、Joe Bain、Williamson、Buckley和Casson、Michael Porter、Pine、Chandler、Hart等。以上学者的研究及其观点形成了现代规模经济理论体系。

农业废弃物资源化利用中，无论是农户个体还是养殖场，受制于废弃物产量限制，独自处理废弃物都是规模不经济的，而将这些农业废弃物送往资源化利用公司集中处理，一是通过大规模生产降低单位生产成本，二是通过先进的处理技术、设备，实现高水平、标准化的资源化利用。值得注意的是，我国农业废弃物资源化利用均是以县域或乡镇为区域开展，即在一定区域内建立一个农业废弃物资源化利用中心，避免出现生产规模过大导致的规模不经济。以县为基本单元，统筹规划县域农业废弃物综合利用，加强相关资金县级整合和投融资创新，探索整县推进农业废弃物资源化利用的有效模式。

规模化、标准化生产助推农业废弃物资源化利用集约化。从产业发展来看，规模化、标准化是产业发展的出路，而随着我国农业的现代化，农业生产的规模化、标准化也是必然趋势。未来，随着我国农业废弃物资源化利用的区域协同发展形成规模化效应和产业集聚效应，农业废弃物资源利用将实现集约化生产，这不仅会提升资源利用效率，而且能够促进行业分工以及产业间的联动。产业化发展不仅可以带动周边农民增收，还可以培育其内在的清洁生产意识。

二、可持续发展理论

（一）可持续发展的提出

从18世纪工业革命开始以来，随着生产力的发展和科学技术的进步，人类对自然资源的获取能力和需求量不断提高，排放到生态环境中的污染物不断增长，人类赖以生存和发展的环境及资源遭到严重的破坏，经济发展与资源、环境之间的矛盾日益突出，这些不良影响促使人们关注环境和资源问题，而可持续发展思想及其相关战略正是人们在传统发展观进行深刻反思和创新的基础上形成的。

1962年，美国生物学家Rachel Carson在其著作《寂静的春天》中揭示了农药、化肥对人类环境的危害，敲响了人类关心生态保护环境的警钟，在全世界范围内引发了人类关于发展观念的争论。1972年，罗马俱乐部发表了长篇报告《增长的极限》，该报告中的"均衡发展"的观点对可持续发展理论的形成具有深远的影响。1980年3月，世界自然基金会、世界自然保护联盟与联合国环境规划署联合发布的《世界保护战略：可持续发展的生命资源保护》，该报告第一次提出了可持续发展的概念，指出可持续发展必须考虑社会、生态以及经济因素，必须考虑生物与非生物的资源基础，必须考虑长期或短期的优劣。1983年，联合国世界环境与发展委员会成立并向联合国提交了题为《我们共同的未来》的报告，该报告正式提出了可持续发展概念和模式。1992年6月，183个国家和70多个国际组织在巴西里约热内卢召开的联合国环境与发展大会，通过了《21世纪议程》，该议程明确地把发展与环境密切联系在一起，第一次使可持续发展思想和理念走出理论探索阶段，从环境保护、资源管理、科学技术等方面提出了可持续发展的战略和行动。至此，可持续发展思想成为世界各国共同认可的发展理念，"可持续发展"一词也开始在世界范围内得到广泛使用。

（二）可持续发展的概念

由于可持续发展涉及自然、环境、社会、经济、科技等诸多方面，不同的研究者研究的侧重点不同，对可持续发展做出不同的理解和定义，比较有影响的观点有以下几种。

（1）基于自然属性定义的可持续发展，认为是保护和加强环境系统的生产和更新能力，即认为可持续发展是"寻求一种最佳的生态系统以支持生态的完整性和人类愿望的实现，使人类的生存环境得以持续"。该定义进一步深化了可持续发展概念的自然属性。

（2）基于社会属性定义的可持续发展，强调以人类社会持续发展为目标，其内涵广泛，既包括提高人类健康水平、改善生活质量以及获得所需资源的途径，又包括创造一个平等、自由、人权的社会环境。该定义进一步深化了人类应该在不超出生态系统涵容能力的情况下，提高自身的生活质量的社会属性。

（3）基于经济属性定义的可持续发展，认为经济发展是可持续发展的核心。例如，"在保持自然资源质量和为人类提供服务的前提下，使经济净利益增加达到最大限度"抑或是"资源的使用不能以减少未来的实际收入为代价"。这些定义强调了经济属性，但也指出不能以自然资源和环境的破坏为代价。

（4）基于科技属性定义的可持续发展，强调科学技术在可持续发展中的重要作用，认为目前环境污染和资源破坏的根源在于技术水平较低。这类观点认为可持续发展是"人类社会应该转向更加清洁、更加有效的技术，采取尽可能接近零排放或密闭式的工艺方法，减少人类社会对资源的消耗"，或者是"建立极少产生废料和污染物的工艺或技术系统"。

（5）基于综合性定义的可持续发展，定义为"既满足当代人的需要，同时又不影响后代人满足自身需要的发展"。可持续发展的定义和战略主要包括4个方面的含义：①走向国际和国际平等；②要有一种支援性的国际经济环境；③维护、合理使用并提高自然资源基础；④在发展计划和政策中纳入对环境的关注和考虑。

（三）可持续发展的内容

目前，人们对可持续发展的概念还未取得一致性的意见，但可持续发展的主要内容均涉及资源可持续、经济可持续、生态可持续以及社会可持续4个方面。这就要求通过合理开发利用资源，在发展过程中既要讲经济效率，更要关注生态环境和社会公平，最终达到人的全面发展。

1.经济发展可持续

传统的发展观是以经济增长为目标，过度消耗自然资源并破坏生态平衡，是一种不可持续的发展模式，不仅不利于社会发展，而且会逐渐阻碍社会经济发展。可持续发展不仅追求经济增长的数量，更重要的是注重经济发展质量，通过改变传统的生产模式，实现清洁生产和文明消费，提高经济发展的效益，节约资源和减少污染物。在保持自然资源质量和其持久供应能力的前提下，使经济增长的净利益增加到最大限度。从现实的角度来说，集约化、规模化发展是可持续发展在经济方面的重要体现。

2.资源利用可持续

自然资源是国民经济和社会发展的重要物质基础，随着科技发展、人口增长、生产力水平提高和工业化，人类对自然资源的消耗成倍增长，再加上资源的不合理开发利用，导致生态环境日益恶化，形成了人类对资源日益增长的需求和自然资源供给相对有限的矛盾。面对严峻的现实，人们从资源持续利用和代际公平的角度提出了确保资源可持续发展的观念，建立新的资源科学理论与资源价值观和伦理观，以及维护资源持续利用的措施和方法，确保人类生产与发展的能源需求。

3.生态环境可持续

可持续发展的一个重要理念是发展是有限制的，是不超越环境系统

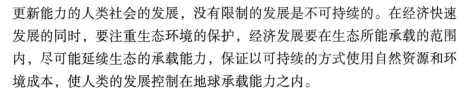

更新能力的人类社会的发展，没有限制的发展是不可持续的。在经济快速发展的同时，要注重生态环境的保护，经济发展要在生态所能承载的范围内，尽可能延续生态的承载能力，保证以可持续的方式使用自然资源和环境成本，使人类的发展控制在地球承载能力之内。

4.社会发展可持续

人类可持续发展系统中，经济可持续是基础，生态可持续是条件，社会可持续才是目的。可持续发展的目的是要改善人民的生活质量，提高人们的健康水平，这就要求在发展过程中，在不超出维持生态系统涵容能力的情况下，尽可能地改善人类的生活品质，为人类创造一个平等、自由、教育、人权和免受暴力的社会环境，实现自然、经济、社会的持续、稳定、健康发展。

我国在国民经济和社会发展过程中坚持走可持续发展道路，在1992年联合国环境与发展大会后，我国发布了《中国环境与发展十大对策》。1994年3月，国务院发布了《中国21世纪议程——中国21世纪人口、环境与发展白皮书》，议程分为可持续发展总体战略与政策、社会可持续发展、经济可持续发展、资源合理利用与环境保护四大部分，是中国可持续发展的总体战略方案。2006年3月，我国《国民经济和社会发展第十一个五年规划纲要》提出要把经济社会发展切实转入全面可持续发展的轨道。

农业废弃物资源化利用通过改变传统的粗放型生产模式，实现清洁生产、减少废弃物、提高经济效益的同时，更加注重提高经济发展的质量，助力经济发展可持续；通过资源的回收再利用，使得回收资源可以投入下一阶段的生产中，从而降低了初次资源的投入，助力资源利用可持续；通过对农业废弃物的治理，消除农业面源污染，大大提高环境承载力，助力生态环境可持续；通过污染物的治理，提升水土资源的质量，确保农作物的生长中不受污染，保障了食品安全，助力社会发展可持续。针对畜禽粪污，应推行生态养殖、资源化利用模式，将畜禽养殖场进行生态改造，将果、林、菜、畜相结合，实现养殖类粪便资源化利用；针对秸秆，可以推行秸秆还田模式，为农田土壤增肥；推行生态农业秸秆再利用模式，通过菌类生产技术，实现"秸秆、食用菌、绿肥"的循环式生产链，建设以沼气池为中心，实现秸秆就地循环利用，推动农业废弃物资源化，促进生态、经济可持续发展。

三、循环经济理论

1. 循环经济的概念

对于循环经济（Recycle Economy）的定义，从不同的角度存在不同的见解。我国学者从人与自然的关系、生产的技术范式、经济形态等不同的方面对循环经济的概念进行了探讨。综合各种观点，循环经济应包括以下基本要素：①循环经济以可持续发展为根本目标，强调社会、经济、生态的协调可持续发展；②循环经济以物质闭环技术为基础，强调社会经济系统内物质的循环；③循环经济强调通过资源减量化和循环利用达到资源的最优利用；④循环经济作为一种经济模式，不能苛求达到完全的物质循环，经济社会活动的废弃物一部分可在经济社会活动中以"循环"方式处理，另一部分则需以非污染的方式排放，参与整个生态系统的循环。

因此，循环经济是以资源的减量化和循环利用为特征，把清洁生产、资源综合利用、生态设计和可持续消费融为一体，最大限度地利用资源、减少污染排放使社会经济系统和自然生态系统良性互动，最终实现社会、经济、生态协调可持续发展的经济运行模式。对于循环经济而言，"没有没有用的资源，只有放错地方的资源。"循环经济的发展遵循生态学的基本规律，与生态经济存在着很多相似之处，二者都寻求社会经济系统与自然生态系统的协调发展，但各有侧重。生态经济着重从人口、资源环境的整体作用上，探索社会经济系统与自然的相互关系；循环经济则更侧重于研究实现资源高效利用和循环使用的具体原理、方法、途径、措施。

2. 循环经济的基本原则

循环经济的建立依赖于以"减量化（Reduce）、再使用（Reuse）、再循环（Recycle）"为内容的行为原则，即"3R"原则。"减量化"原则属于输入端方法，旨在减少进入生产和消费过程的物质量，从源头节约资源使用和减少污染的排放；"再利用"原则属于过程性方法，目的是延长进入生产和消费流程的时间，要求产品和包装容器以初始形式多次使用，提高产品和服务的利用效率；"再循环"原则属于输出端方法，要求物品完成使用功能后重新变成再生资源，以减少最终处理量。而在循环经济的发展过程中，还需要针对产业链的全过程，通过对产业结构的重组与转型，达到系统的整体最优，即要遵循"再重组（Reorganize）"原则，与此同时，还要不断地调整思路，转变原来线性经济发展模式的惯性，即要遵循"再思考（Rethink）"原则。因此，可以将循环经济的基本原则概括为"5R"原则，既包括输入端方法"减量化"、过程性方法"再利用"、输出端方法"再循环"，还包括系统性方法"再重组"以及发展思路层面的"再思考"。

（1）减量化原则（Reduce）。要减少进入生产和消费流程的物质量，即预防废弃物产生而不是产生后治理。在生产过程中，厂商可以通过减少每个产品的物质使用量、通过重新设计制造工艺来节约资源和减少排放。在消费中，人们可以通过减少对物品的过度需求，选择包装物较少和可循环的物品，购买耐用的高质量物品等，身体力行地减少对垃圾处理的压力，从而降低对自然资源的压力。

（2）再利用原则（Reuse）。尽可能多次使用以及尽可能的多种方式使用物品，防止物品过早成为垃圾。在生产中，制造商可以使用标准尺寸进行设计，使零件装置非常容易和便捷地更换，而不必更换整个产品，同时鼓励重新制造工业的发展，以便拆卸、修理和组装用过的及破碎的物品。在生活中，人们应对物品尽可能地再利用而不是直接作为垃圾扔掉，对物品进行修理而不是频繁更换，还可以将合用的或可维修的物品返回市场体系或捐献出去供别人使用。

（3）再循环原则（Recycle）。也称资源化原则，就是尽可能多地再生利用资源，即把物质返回工厂，作为再生资源融入新的产品。资源化能够减少对垃圾填埋和焚烧的压力，成为使用能源较少的新产品。

（4）重组化原则（Reorganize）。以环境友好的方式利用自然资源，针对产业链的全过程，进行产业结构的重组与转型，实现经济体系向提供高质量产品和功能性服务的生态化方向转型，力求经济系统在环境与经济综合效益最优化前提下可持续发展。

（5）再思考原则（Rethink）。不断加深对循环经济内涵的认识，不断转变传统线性发展模式形成的惯性思维方式，不断深入思考在经济运行中如何系统地避免和减少废弃物，最大限度地提高资源生产率，实现污染排放最小化和废弃物循环利用最大化。

农业废弃物是农业活动过程中留下的副产品，通过对农业废弃物进行资源化能将废弃物充分再利用，农业废弃物资源的循环利用有促进作用，而且也能提高农业废弃物资源的利用率。由此可见，农业废弃物资源化是符合循环经济的发展要求。改革开放以来，我国经济产生了突飞猛进的发展，取得的成绩是显而易见的，然而这样的进步发展大多都是靠粗放式经济来取得成效，只注重速度，导致资源浪费现象严重，资源利用率低，而我国也同样面临着能源和资源危机，因此，循环经济的发展任重道远。

在农业废弃物资源化利用产业链运作中，应严格遵循"减量化、再利用、再循环、重组化、再思考"这五大原则。第一，在农业生产活动中，严格管控抗生素、药物的使用，推行有机肥、加厚地膜的使用，推广节约型的清洁生产技术，从源头上控制资源的消耗以及废弃物的产出量，即减量化原则；第二，再利用环节中，资源化利用企业根据农业废弃物的特点以及再制造产品市场需求，充分挖掘农业废弃物的潜力，开发有市场竞争力的多元化产品；第三，再循环环节，尽可能地推动再制造品的多路径利用，将固态有机肥、液态有机肥等产品充分地投入农业生产活动中，既符合再循环原则，也体现了减量化原则；第四，根据对未来市场的把握，及时推动资源化利用企业更新技术、设备，生产出更加具有市场竞争力的产品，从而带动农业废弃物资源化利用产业结构升级，即重组化原则；第五，根据已有的产业链数据，尝试如何通过组织管理、机制设计、模式优化，最大限度地提高资源生产率，实现污染物排放最小化和废弃物循环利用最大化，即再思考原则。

四、专业化分工理论

1. 专业化分工研究的起点：以斯密为代表的古典经济学

斯密认为，分工与专业化的发展是经济增长的源泉，分工是提高劳动生产率，进而增进国民财富的主要原因和方法。在《国民财富的性质和原因研究》中，斯密在结束对劳动分工的讨论时，阐述了一个重要原则：分工能通过市场来协调，但劳动分工受市场范围的限制，只有通过不断拓宽市场范围，分工的全部利益才能够得以实现。以斯密为代表的古典经济学的基本逻辑是，分工带来的专业化引发了技术进步，技术进步带来了报酬递增，而进一步的分工依赖于市场范围的扩大。分工既是经济进步的原因又是其结果，这个因果累积的过程所体现出的就是报酬递增机制。因此，专业化和分工应该成为研究经济增长和社会发展的出发点。遗憾的是，斯密虽然认为专业化分工是劳动生产力、财富增长，以及产业演进的主要动力，但是，他并未对专业化分工如何影响交易，以及在产业组织演进中的角色进行深层次的分析。

2. 专业化分工研究的偏离：关注资源配置问题的新古典经济学

1890年马歇尔的《经济学原理》的出版，标志着新古典经济学的形成。马歇尔对分工经济思想的贡献体现在报酬递增与工业组织的研究上。他以代表性企业为研究对象，从外部经济和内部经济两个方面，在工业布局、企业规模生产、企业经营职能3个层次上分析了分工、组织与报酬递增之间的关系。他还认为，组织的改进，通过外部经济与内部经济两条途径，可获得报酬递增，例如，专门工业集中于特定的地方，通过行业秘密公开化、技术和组织的发明、新思想的激荡、高效率机器在众多企业的有效使用、辅助行业的发展、熟练和技术工人市场的形成以及职业多元化，就可以产生外部经济而获得报酬递增；企业大规模生产通过"技术的经济""机器的经济""原料的经济"产生内部经济而获得报酬递增。此时，主流的新古典经济学理论在完全信息、无外部性、制度一定的假设之下，集中于资源配置问题的精细讨论，专业化分工被完全忽略掉了。随着价格理论后来转向厂商分析，并越来越数字化，外部经济、报酬递增等难以进行数字化处理的概念或现象逐渐被排除在理论体系之外。

3. 专业化分工理论的回归：杨格定理

1928年，杨格发表了《报酬递增与经济进步》的经典性论文。他重视分工、交易费用和市场范围的关系，重新阐发了斯密关于分工与市场规模的思想，发展了斯密有关劳动分工的思想，将斯密的"劳动分工取决于市场范围"的思想发展为"分工累积循环"思想，"内涵的市场规模"累积扩大的论述使劳动分工"动态化"。其理论可概括为：报酬递增式与社会化大生产或产业整体相联系的，不能从单个企业或产业的角度来认识。

企业的经营规模只是反映了最终产品的市场规模，当它们的收益不能扩大到最终产品上时，企业的大规模经营仍然是不经济的；报酬递增取决于现代形式的劳动分工或迂回的生产方式，产业之间的分工是报酬递增的媒介。劳动分工的经济、迂回生产方式的经济和报酬递增的经济是等同的；劳动分工取决于市场规模，市场规模又取决于劳动分工，劳动分工与市场规模是相互促进、循环演进的。市场规模引致分工的深化，分工的深化又引致市场规模的扩大，演进是累积的并以累进的方式自我繁殖。杨格的分工理论第一次论证了市场规模与迂回生产、产业间分工的相互作用、自我演进的机制，第一次超越了斯密关于分工受市场范围限制的思想。市场规模已经是内生的而不是给定的外在变量，从而真正使得劳动分工动态化。总之，在劳动分工与市场规模之间互为因果、循环累积的演进过程中，引起了报酬递增并导致经济进步和产业、组织的演进。

4. 专业化分工理论的复兴：新兴古典经济学的兴起

20世纪50年代，数学家运用线性规划和非线性规划等方法，对分工与专业化问题提供了强有力的定量研究工具。80年代以来，以杨小凯为代表的一批经济学家，运用超边际分析法和其他非古典数学规划方法，将古典经济学中关于分工和专业化的高深经济思想形式化，经济学的研究对象也由限定条件下的资源配置问题，转向了技术进步与经济组织的互动变迁问题。

新兴古典经济学关于分工、专业化和报酬递增的核心观点是，制度创新和组织变迁对专业化分工的深化具有决定性作用，基于交易费用的交易效率是决定高水平分工的重要变量；分工深化和专业化水平提升有利于知识、技术能力的累积，从而实现报酬递增；分工的深化决定于分工收益和交易费用的权衡，呈现出自我良性演进机制。这种自我良性演进机制可描述如下：在经济发展的初始阶段，人们的劳动效率低下，人们实行自给自足的封闭经济发展模式。随着生产知识、劳动经验的逐步累积，生产效率逐渐提高，经济成果积累增多，人们可以为专业化分工支付一定的交易费用，专业化分工开始出现。专业化分工的逐步深化加速了经验和技术的累积，知识和经验的"互补效应"和"溢出效应"开始逐步显现，致使生产效率进一步上升，经济发展呈现加速发展之势，人们不断通过制度和组织的创新，来降低因为专业化分工而引发的交易费用，进一步提高了专业化分工的水平。

　　农业废弃物包含畜禽粪污、病死畜禽、农作物秸秆、废旧农膜及废弃农药包装物等，不同的废弃物具有独特的特点，需要制定专业化的处理措施和资源利用方案，这显然是农业生产者难以具备的专业化技能，而资源化利用公司具有技术优势，可以以更低的成本获取更高的效率，通过生产出优秀的再利用产品，扩大市场规模，市场规模的扩大又会反过来进一步推动分工的细化，同时政府、企业、农民等参与者要分工明确，形成权责清晰、运行通畅的农业废弃物资源化利用产业链；分工深化还可以通过组织和技术创新来促进农业废弃物资源化利用产业集群的形成与发展，产业集群的发展反过来又会提高农业废弃物资源化的交易效率，降低交易成本，从而促进分工的演进。值得注意的是，随着产业链的进一步分工，越来越多的参与者进入，产业链内部的协调也变得越来越困难，可能会增加交易成本，因此，政府还要注意做好沟通协调工作，引导产业链的协同发展，由此产生一个正反馈的良性循环过程，促进农业废弃物资源化的可持续发展。

五、外部性理论

　　外部性（Externality），又称外部效应（External Effect），是经济学研究中的重要概念。萨缪尔森和诺德豪斯在《经济学》中把外部性定义为那些生产和消费对其他团体强征了不可补偿的成本或给予了无须补偿的收益的情形。兰德尔在《资源经济学》中给出的外部性定义是：外部性是用来表示当一个行动的某些效益或成本不在决策者的考虑范围内的时候所产生的一些低效率现象，也就是某些效益被给予或某些成本被强加给没有参加这一决策的人。布坎南与斯德伯利拜认为，外部性是一个团体、家庭或厂商的行为对另一团体的效用可能性曲线或生产可能性曲线产生的一定影响，而产生这类影响的行为主体又没有负相应的责任或没有获得应有的报酬。日本产业经济学家植草益的定义是：外部性是某个经济主体生产和消费物品及服务的行为不以市场为媒介而对其他经济主体产生附加效应的现象。

　　综观这些外部性的定义，归纳起来主要有两类：一类是从外部性产生的主体角度来定义，如萨缪尔森的定义，另一类是从外部性的接受主体来定义的，如兰德尔的定义。由此可以得出构成外部性的要素：一是外部性产生的主体（制造外部性的主体）；二是外部性产生的受体（被动接受外部性的主体）；三是产生外部性的行为，即是何种行为导致了外部性的发生。外部性理论的发展经历了3个里程碑。

　　1890年，新古典经济学的创始人Marshall在其著作《Principles of Economics》中，首次提到了外部经济的概念，即把任何一种货物的生产规模的扩大而发生的经济分为两类：第一类是有赖于该产业的一般发达所造成的经济；第二类是有赖于某产业的个别企业自身资源、组织和经营效率的经济。前一类称作"外部经济"，后一类称作"内部经济"。马歇尔的"外部经济"，实际上是将"组织"作为第四生产要素，抽象概括了对经济规模扩大的原因，所以马歇尔的"外部经济"被称作是一只"空盒子"（empty box），但马歇尔并没有提出"外部不经济"。

　　庇古因将外部性概念扩展到"负的外部性"，被誉为外部性研究的第二个里程碑。庇古在其著作《Welfare Economics》中独创了边际社会净产品（MSNP）和边际私人净产品（MPNP）概念。他认为，边际社会净产品——由对一种不考虑其受益人的资源的增加投资而得来的产品；边际私人净产品——由属于从事投资的个人的累积资源得来的产品。当边际私人净产品和边际社会净产品之间存在差异时，就产生了"外部性"。庇古证明当"边际私人净产品价值"与"边际社会净产品价值"相等时，实现社会资源的最优配置；当前者大于后者时，即产生了"负的外部性"，此时国民红利受损，要想实现资源配置最优，必须对资源进行重新安排。庇古对外部性的研究是对马歇尔外部经济概念的有力补充。

　　外部性研究的第三个里程碑是新制度经济学的代表人物科斯提出的"交易成本"。交易成本的提出，为解决外部性问题提供了新的研究思路。科斯在其经典论文《The Problem of Social Costs》中提出了"交易成本"概念。科斯认为，"外部性"的产生是由于产权没有被明确界定导致的。当交易成本为零时，不管权利初始安排如何，当事人之间的谈判都会导致那些使财富最大化的安排，即市场机制会自动地驱使人们谈判，使资源配置实现帕累托最优；当交易成本为正时，一旦当事双方产权边界得以界定，便可采取市场交易、企业内部组织、政府管理3种不同的产权制度方式解决。每种方式都需要成本，且有差别，于是就存在着产权安排方式——社会成本最小的社会选择过程。科斯通过分析零交易成本市场的局限性，研究了在"正的交易成本"的现实世界中外部性的解决方法。科斯的理论为解决外部性问题提供了新的思路。

农业废弃物资源化利用具有正的外部性，具体体现在：通过废弃物的再利用，节约资源的消耗，助力资源的可持续利用；通过废弃物的治理，避免对环境的污染，提升环境水平，优化居住条件，保障农产品的食品安全，助力环境的持续改善。根据外部性理论，农业废弃物资源化利用产业链的参与主体理应受到生态补偿。政府也出台了相应的产业扶持政策，如财政补贴、税收减免等，但是，如何对农业废弃物资源化利用产业链的正的外部性进行合理的补偿，使其获得应当的收益，这仍然是一个值得研究的问题。

第三节　分析工具

一、博弈理论

博弈论（Game theory），又称对策论、赛局理论等，既是现代数学的一个新分支，也是运筹学的一个重要学科，是研究决策主体的行为发生直接相互作用时的决策及这种决策的均衡问题，也就是说，当一个参与主体的选择受到其他参与主体选择的影响，而且反过来影响其他参与主体选择时的决策问题和均衡问题。根据博弈的时间或参与主体的决策次序，可以将博弈分为静态博弈和动态博弈。在静态博弈中，参与主体同时决策或虽不同时决策但后决策者并不知道先决策者采取什么策略。在动态博弈中，决策有先后次序，后决策者可以通过观察先决策者的决策获得有关对方偏好、战略空间等方面的信息，进而修正自己的判断。它以参与主体完全理性为前提假设。按照参与人对其他参与人的了解程度分为完全信息博弈和不完全信息博弈。完全博弈是指在博弈过程中，每一位参与人对其他参与人的特征、策略空间及收益函数有准确的信息。不完全信息博弈是指如果参与人对其他参与人的特征、策略空间及收益函数信息了解得不够准确，或者不是对所有参与人的特征、策略空间及收益函数都有准确的信息，在这种情况下进行的博弈就是不完全信息博弈。博弈论发展过程中的重要里程碑是John Forbes Nash引入的非合作博弈策略均衡。在该博弈中，均衡的状态是指没有任何参与主体受到单方面激励偏离这个选择而转向其他策略，即在纳什均衡下形成基于对方的最优策略。纳什均衡及其之后的改进构成了博弈的解，即在给定的非合作决策的情况下仍可以得出最好的预测结果。

演化博弈理论（Evolutionary game theory）源自生物进化论，是经典博弈范式趋向有限理性的发展。在传统博弈理论中，常常假定参与人是完全理性的，且参与人在完全信息条件下进行的，但对于在现实的经济生活中的参与人来讲，参与人的完全理性与完全信息的条件是很难实现的。在企业的合作竞争中，参与人之间是有差别的，经济环境与博弈问题本身的复杂性所导致的信息不完全和参与人的有限理性问题是显而易见的。演化博弈理论具有如下特征：它的研究对象是随着时间变化的某一群体，理论探索的目的是为了理解群体演化的动态过程并解释说明群体为何达到该状态以及如何达到。群体变化的影响因素既具有一定的随机性和扰动性，又有通过演化过程中的选择机制而呈现出的规律性。当整个组群的所有成员都采取这个策略，在自然选择作用之下，不会存在一种突变的策略来侵犯该组群，那么该过程符合演化策略稳定性（ESS）要求。

演化博弈以参与主体有限理性为前提假设，与经典博弈理论在理性假设、分析方法和均衡概念等方面都存在较大差异，但两者之间也存在密切关系。一方面，演化博弈论是以经典博弈论为基础，而且在演化博弈中分析参与主体的策略仍需用经典博弈分析方法。另一方面，经典博弈的纳什均衡都是演化博弈的稳定状态点，其中对有限理性有稳健性的一部分即是演化稳定策略。经典博弈论中的支付函数，须在演化博弈论中将其转化为适应度函数。适应度用来描述生物学中基因的繁殖能力，它是生物演化理论中的核心概念。在演化博弈模型中，某种策略的适应度是指在博弈过程中采用该策略的参与主体数量在每期博弈后的增长率。此外，演化稳定策略也是对纳什均衡的一种选择精炼，演化博弈论对于提高完全理性经典博弈分析的可靠性、易懂性、价值都有重要意义，是对完全理性经典博弈分析的一种支持。

二、系统动力学理论

系统动力学（System Dynamics，简称SD）理论于20世纪50年代由 Jay W. Forrester教授提出，是一种以反馈控制理论为基础，将系统科学理论与计算机仿真二者紧密结合、研究系统反馈结构及行为的一门科学，是系统科学的一个重要分支，被誉为"战略与决策实验室"。系统动力学运用"凡系统必有结构，系统结构决定系统功能"的系统科学思想，根据系统内部组成要素互为因果的反馈特点，从系统的内部结构来寻找问题发生的根源，而不是用外部的干扰或随机事件来说明系统的行为性质。系统动力学将定性与定量分析有机地结合起来，通过结构—功能分析，研究复杂系统内部结构和反馈机制，依据一定规制建立因果链、反馈环，从而构建系统动力学流图，利用计算机技术对系统发展趋势进行仿真分析，寻求解决系统复杂问题的方案。近年来系统动力学方法的应用日益广泛，在城市交通、能源、环境等多个领域都已发挥了重要作用。

系统动力学方法的基本概念主要包括流位（Level Variable）、流率（Rate Variable）、辅助变量（Auxiliary Variable）、决策函数、常量（Constant）、因果链、反馈环等。流位又称为状态变量或水平变量，具有累积效应，一般用符号$L(t)$表示，用于反映系统内物质流或信息流对时间的积累。流率又称为速率变量或决策变量，即流位在单位时间内的变化量，用于描述系统累积效应的变化快慢，一般用$LR(t)$表示。辅助变量，即流位和流率之间信息传递和转换过程的中间变量，用于构建流位和流率之间的局部结构，从而与相关常量共同构成系统的"控制策略"。决策函数，又称为流率方程式或仿真方程。常量，即不受系统内部变化影响的固定的参数。流位通过辅助变量、在决策函数的作用下，控制流率的变化。

图2-3表示A、B两个变量间的因果关系，A是自变量，B是因变量，B受到A变化的影响而变化。A、B与连接两个变量的有向线段共同构成了因果关系链。图2-3（a）中A和B同向变动（同增同减）称为正因果链；图2-3（b）中A和B异向变动（一增一减）称为负因果链。由两条以上的因果链首尾相连构成环状，则称为反馈环。反馈环的极性（即正负性）为反馈环内因果链极性的乘积，由奇数个负因果链串联构成的反馈环称为

负反馈环，由偶数个负因果链串联构成的反馈环称为正反馈环。如图2-4所示。

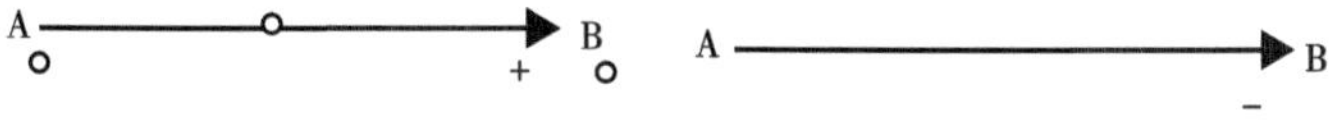

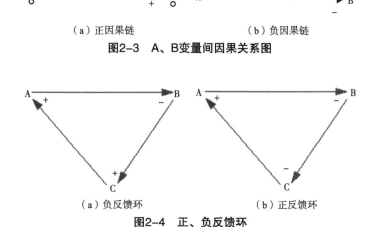

（a）正因果链　　　　　　　　　　　（b）负因果链

图2-3　A、B变量间因果关系图

（a）负反馈环　　　　　　　　　　　（b）正反馈环

图2-4　正、负反馈环

1. 流率基本入树建模法

定义1：以流率为树根，以流位、流率，或不进反馈环的环境变量、参数为树尾，枝中间不含流位变量，且每个树尾流率可通过树模型中的变量代换，实现通过辅助变量依赖于流位变量，此种入树$T(t)$称为流率基本入树。流率入树$T(t)$中含流位的个数称为入树的阶数。从树尾沿一枝至根含流位的个数称为这枝的枝阶长度。全流率入数最大枝阶长度称为该入树的阶长度。

定义2：n棵流率基本入树$T_1(t)$，$T_2(t)$，…，$T_n(t)$组成的模型，称为n阶流率基本入树模型。

建立流率基本入树模型的步骤

步骤1：通过科学理论、数据、经验和专家判断力四结合进行系统分析，建立研究系统的流位流率系：$\{[L_1(t)，R_1(t)]，[L_2(t)，R_2(t)]，…，[L_n(t)，R_n(t)]\}$。

步骤2：紧密结合实际，分别建立$R_i(t)$（$i=1，2，…，n$）依赖$L(t)$（$i=1，2，…，n$），$R_k(t)$（$k\in1，2，…，n，k\neq i$）及环境变量的因果链二部分图。

步骤3：通过逐枝法，或逐层分别建立以$R_i(t)$（$i=1$，2，…，n）为根，$R_i(t)$依赖的流位变量$L_i(t)$、其他流率变量$R_k(t)$及环境变量每棵流率基本入树。

步骤4：同时逐树建立仿真方程，并通过后流位流率设调控参数，前调控参数恢复原对位流位、流率的方法，逐步进行仿真，建立整体仿真方程。

2. 极小反馈环基模生成集法

（1）反馈环基模的相关概念。

定义3：系统结构中，由反馈环（含延迟）构成的有典型意义的连通子结构称为此系统的反馈环基模。

定义4：不能由其他反馈环基模经嵌运算生成的反馈环基模称为极小反馈环基模。

反馈环中含流位的个数称为此反馈环的阶。基模$G_{ij}(t)$中，阶数最大的反馈环的阶数称为此$G_{ij}(t)$的阶数，记为$[rG_{ij}(t)]$。

定义5：系统极小反馈环基模的集合

$$A(t)=\left\{G_{11}(t), G_{12}(t), \cdots, G_{ii}(t), G_{12}(t), G_{13}(t), \cdots, G_{st}(t), \cdots, G_{ii}\cdots, n(t)\right\}$$

称为本系统的反馈环基模生成集（或称反馈环基模基础解集）。

（2）入树生成极小反馈环基模的充要条件。

命题1：已知流率基本入树$T_i(t)$、$T_j(t)$，作$G_{ij}(t)=T_i(t)\overset{\rightarrow}{\cup}T_j(t)$，则$G_{ij}(t)$产生新增反馈环基模的充要条件是：$T_j(t)$入树树尾中含流位$L_j(t)$，$T_i(t)$入树树尾中含流位$L_i(t)$，且$L_i(t)$、$L_j(t)$对应两变量不同。

命题2：已知极小反馈环基模$G_{ij}(t)=T_i(t)\overset{\rightarrow}{\cup}T_j(t)$和入树$T_k(t)$，作$G_{ijk}(t)=G_{ij}(t)\overset{\rightarrow}{\cup}T_k(t)$，则$G_{ijk}(t)$新增生成极小反馈基模充分条件是：

①入树$T_k(t)$的树尾中，至少含$T_i(t)$、$T_j(t)$一个流位。

②$G_{ij}(t)$中含流位$L_k(t)$。

③取定的$L_i(t)$或$L_j(t)$与$L_k(t)$对应枝变量不同。

生成新基模充分条件：

步骤1：构造流位流率系、外生变量与调控变量。

步骤2：构造流率基本入树模型。

步骤3：构造反馈环基模生成集。

①对每个入树$T_1(t)$、$T_2(t)$、$\cdots$，$T_n(t)$与自身作嵌运算$G_{ij}(t) = T_i(t) \overset{\rightarrow}{\cup} T_j(t)$，求一阶极小反馈环基模。不妨设经过此步骤后，得到一阶极小反馈环基模与不能生成一阶极小反馈环基模的入树的集合为

$$A_1(t) = \left\{ G_{11}(t), G_{12}(t), \cdots, G_{ii}(t), T_{i+1}(t), T_{i+2}(t), T_n(t) \right\}$$

②求二阶极小反馈环基模。

$G_{ij}(t) \overset{\rightarrow}{\cup} T_i(t)$ 及 $T_i(t) \overset{\rightarrow}{\cup} T_k(t)$，$k=j+1$，$j+2$，$\cdots$，$n$，求出全体二阶极小反馈环基模。

③求三阶极小反馈环基模。

对未进入二阶极小反馈环基模的入树$T_r(t)$（$r=t+1$，$\cdots$，n），与二阶极小反馈环基模作嵌运算，求出全体三阶极小反馈环基模；以此类推，经过k次运算，得全体极小反馈环基模集：

$$A_k(t) = \left\{ G_{11}(t), G_{22}(t), \cdots G_{ii}(t), G_{12}(t), G_{13}(t), ..., G_{jt}(t), ..., G_{jj}(t), ..., n(t) \right\}$$

此$A_k(t)$极小反馈环基模集为反馈环基模生成集。

步骤4：极小反馈环基模反馈分析。

①极小反馈环基模分类。

②由反馈环基模生成集构建具有实际意义的增长反馈环基模。

③由反馈环基模的反馈分析生成促进系统发展的管理对策。

第三章　农业废弃物资源化利用合作模式

作为一个农业大国，农业的可持续发展问题一直是我国的一个重要课题。自2004年以来，中共中央连续19年出台了指导"三农工作"的一号文件，"三农"问题在近十几年内始终是全党和政府工作的重中之重。作为我国畜牧业和农业的重要产业，生猪养殖业的可持续发展也是一个重要的"三农"问题。生猪养殖业作为我国农村经济的重要支柱产业，它不仅是农民增加收入的主要来源，也为居民的生活提供更多、更优质的畜禽产品。2015年，全国生猪存栏数为4.51亿头，出栏数为7.08亿头，猪肉产量为5 487万t，占肉类总量的63.6%；由此可见，猪肉是我国肉类重要来源，生猪养殖业是我国畜牧业的重要组成部分。

改革开放以来，特别是近年来，随着我国经济与科技实力的快速提升，我国生猪规模养殖业正快速朝向规模化的方向发展，农村个人养猪规模大幅度缩小，标准化规模养殖场加快发展，设施化水平不断提高，规模化、集约化生产技术得到广泛应用，生猪生产水平稳步上升。畜牧业是现代农业产业体系的重要组成部分，畜牧业发展水平是衡量一个国家和地区农业现代化水平的重要标志。国家高度重视畜牧业发展，尤其是进入21世纪以来，党中央、国务院明确提出"要加快推进规模化、集约化、标准化畜禽养殖，增强畜牧业竞争力"。2013年中央一号文件明确指出将着力构建集约化、专业化、组织化、社会化相结合的新型农业经营体系。从2010年起，农业部在全国范围内开展畜禽养殖标准化示范创建活动，各地把发展畜禽标准化规模养殖作为加快转变发展方式的最重要的措施，加强政策扶持，突出宣传引导，强化科技支撑，注重示范带动，全面加以推进。2014年，国家继续支持畜禽标准化规模养殖发展，扶持建设了8 000多个生猪标准化规模养殖场。随着农业产业化的发展，2013年生猪规模养殖比例已达到69.9%。生猪年出栏500头以上的规模养殖比重从2010年的34.54%上升至2014年的41.8%，根据《全国生猪生产发展规划（2016—2020年）》，到2020年，我国出栏500头以上规模养殖比重将达到52%（实际比重为57%左右）。我国推进生猪养殖业规模化、集约化发展工作已卓有成效，生猪规模养殖已成为我国生猪养殖业的重要养殖模式。经过多年的努力，标准化规模养殖已经成为畜产品供给的重要力量，为保障国家食品安全、增加养殖收益、稳定物价总水平、促进经济社会和谐稳定发展做出了积极的贡献。

然而，在生猪生产中，每头猪都是一个污染源，据统计，180d生产期的生猪日排泄系数分别为粪2200g/头、尿2900g/头、总氮25.06g/头、总磷9.44g/头，每头猪产生的污水相当于7个人生活产生的废水。随着我国规模养殖业的逐步扩大，产生的养殖废弃物等排放量不断增多，由此造成的环境污染将会更加严重。根据历年《中国畜牧业年鉴》和《中国畜牧兽医年鉴》的数据，2007—2017年1 000头以上规模养殖户的年均增长率达7.2%，2001—2017年10 000头以上规模养殖户的年均增长率达11.8%。根据我国农业农村部的统计，每年我国畜禽废弃物的产生总量预计超过38亿t，其中粪便大约18亿t，产生的污水量约20亿t，如果不充分利用，将成为我国农业污染的一大重要污染源。尤其是对于生猪规模养殖而言，在较小的区域内完全消纳巨量的养殖废弃物，是难以实现的，部分养殖场还存在治理废弃物的能力不足、设施建设不达标、资源化利用的意识不够、养殖场的环境简陋等问题，仅对畜禽废弃物进行简单的处理，甚至直接使用没有经过处理的粪便，将会导致地表河水被污染，地下土壤被严重破坏。环境问题已经严重制约了生猪规模养殖的发展。

我国一直重视畜禽养殖废弃物资源化利用的工作。2017年6月，国务院办公厅颁布了《关于加快推进畜禽养殖废弃物资源化利用的意见》，明确指出，通过建立企业投入为主、政府适当支持的运营机制，引导和鼓励社会资本积极参与，培育壮大多种形式的第三方企业和社会化服务组织，实行专业化生产、市场化运营，确保资源化利用企业可持续运营；重点支持畜禽养殖废弃物资源化利用设施、沼气设施建设、有机肥的使用，支持100个畜牧大县推进畜禽养殖废弃物资源化利用。选100个果菜茶试点使用畜禽废弃物资源化有机肥替代化肥，并且提供200多个生产基地施用有机肥。在2021年1月11日，国家发展和改革委员会等十部委联合发布的《关于推进污水资源化利用的指导意见》中明确提出，到2025年全国畜禽粪污综合利用率达到80%以上的目标。2021年4月，农业农村部办公厅等印发的《社会资本投资农业农村指引（2021年）》中提到，支持社会资本参与畜禽粪污资源化利用。实施专业化的资源化利用，为养殖废弃物的完善处置与利用指明了方向。

与秸秆等农业废弃物资源化利用相比，养殖废弃物资源化利用存在其独有的特性。一是相比于秸秆废弃物，养殖废弃物存在两种形式，分别为沼液和猪粪尿，因此，存在沼液和猪粪尿两种形式的废弃物养殖废弃物资源化利用；二是相比于农户出售秸秆的交易方式，猪粪尿也存在两种交易方式，分别是养殖场向资源化利用企业支付费用委托其代为处理以及资源化利用企业从养殖场购买猪粪尿。这两点是养殖废弃物在资源化利用中与秸秆等农业废弃物资源化利用模式的突出差异之处，有必要进行单独的分析。

第一节　规模养殖沼液资源化利用模式

一、规模养殖沼液资源化利用现状

畜禽养殖业正在成为我国农村经济中最活跃的增长点和主要的支柱产业，但是畜禽养殖业在带来良好经济效益的同时也带来了环境污染问题。农村畜禽养殖企业大多缺乏统一合理规划，很多畜禽养殖场所布局不合理。首先，很多畜禽养殖废水未经处理直接排放，废水中含有氮、磷以及一些微量元素，这些物质进入水体后会造成水体污染，影响水体的使用功能，产生黑臭水体，甚至造成水体富营养化。其次，畜禽养殖场所会产生氨气、硫化氢和粉尘等，对周围环境空气质量造成影响，甚至影响周边居民生活。再次，随意排放的畜禽养殖废物会超过土壤环境的承载能力，引起土壤环境的污染，土壤环境的破坏慢慢会造成粮食减产，污染的农田产出的农作物也会直接影响人体健康。另外，畜禽养殖饲料中含有抗生素和激素等，这些物质随着畜禽养殖废水和废物的排放也进入了环境中，长期积累也会造成水体、土壤和空气的污染。畜禽养殖场所的不合理布局，使得农村很多地区人畜混居，农村环境卫生条件较差，同时，畜禽养殖场的病原微生物也会影响居民身体健康。我国养殖业每年产生27亿t畜禽粪便，大约为工业固体废料的3.5倍，导致水体和耕地深受污染。因此，畜禽养殖废弃物的污染不可小视。

随着养殖的规模化与集约化，猪粪尿污染问题变得日益突出。养殖场自建了沼气工程设施，对猪粪尿进行发酵，所得产物为沼气、沼液、沼渣。沼气用于发电或用作燃料及供暖，具有良好的经济效益；沼渣可用于制作有机肥，养殖场已经对外出售给农户或者种植企业；沼液为猪粪尿发酵产物中的液态物质，主要包含氮、磷、氨等离子以及铜离子等重金属元素。氮、磷、氨离子是速效有机肥的主要成分，具有生物肥料和生物农药双重作用，合理地使用沼液不但可以使农作物增产，改善土壤环境，还能减少农业对化肥的依赖，促进生态良性循环，但是过量的沼液无法被作物完全吸纳，进而造成土地和水源的富营养化污染。

沼液的处置方式与技术目前主要有4种，分别为：低成本的资源性利用、低成本的自然生态净化、高成本的工厂化处理和高附加值的开发性处理。低成本的自然生态净化主要是指利用氧化塘及土地处理系统或人工湿地里植物及微生物来净化沼液中的污染物，优点是处理成本低，处理量大，缺点是冬季处理效果差，适用性不强。高成本的工厂化处理主要是指利用人工构筑设施，采取高能耗的强化措施，降解沼液中的有机物、脱氮除磷，从而达标排放，优点是处理能力稳定，处理量大，适用性强，缺点是成本过高，养殖场难以负担，并造成可回收再利用资源的浪费。由于这两种沼液处置方式存在较为严重的不足，较少得到采用。

低成本的资源性利用主要是指粗放型地将沼液用作液体肥料进行利用，例如种养结合模式，优点是处理成本低，适用性强，在养殖场规模化的进程中，种养结合模式的确在一定程度上消除了粪尿的直接污染，是养殖场广泛采用的沼液消纳方式。然而，随着养殖规模的进一步扩大，沼液在使用过程中存在的弊端也逐渐暴露，从客观条件来说，大中型养殖场沼气工程附近的农田消纳能力不足，浇灌远距离农田需要沼液长距离运输，成本高昂，沼液自己存在的问题也使得"种养"结合循环养殖模式存在一定的局限性，沼液直接施肥的安全性仍存在争议，使用不如固态肥方便等问题，又使得种植企业使用沼液的意愿较低，总之，种养结合消纳沼液在实际操作中存在多个问题难以解决，仅靠种养结合模式难以消除沼液污染，还需要更先进的沼液消纳模式。因此，随着养殖场规模的进一步扩大，当前又出现了新的环境问题，制约了我国生猪养殖业的健康发展，即猪粪尿的二次污染——沼液污染。

高附加值的开发性处理是将达标处理与资源利用耦合，通过工程技术措施，回收一定资源，获得高附加值的经济效益，当前价值成分回收技术、微生物技术等技术的进步，使得高附加值的开发性处理成为可能，例如将沼液严格按照有机肥标准加工成液体有机肥向市场销售、将沼液调配后用于培养微生物获取高回报等途径。近年来，我国农村资源紧张的问题一直未能得到解决。沼液富含生物活性物质和氮磷等营养物质，具有生物农药和生物肥料的双重作用，还可提高土壤肥力，是制作生物液体有机肥的良好原料，不仅可以避免沼液污染，还可以再利用沼液资源，缓解我国农村资源紧张的困境。

2013年10月，国务院总理李克强主持召开国务院常务会议，审议通过了《畜禽规模养殖污染防治条例》（以下简称《条例》），进一步明确了有机肥产品的补贴与优惠政策，鼓励有机肥生产企业利用畜禽废弃物制造有机肥，一方面为了减少畜禽养殖废弃物污染，另一方面为了应对大量施用无机肥导致的地力下降。因此，此《条例》的发布为沼液制造有机肥提供了政策支持。当前，已有资源化利用企业投产沼液有机肥项目，例如，江西正合生态农业有限公司已引进了液态有机复合肥生产线，使用沼液生产生物液态有机肥，预计可年产沼液有机肥约3万t；宁波龙兴生态农业科技开发有限公司成功研发"沼液生态肥"，原料来自周边35家养殖场的沼液，产品现已进入市场。由此可见，"养殖场+资源化利用企业"的沼液有机肥合作开发模式具有可行性且已有成功合作的案例。因此，使沼液形成商品肥，促进沼液商品肥的规模推广应用，是消除沼液污染及资源再利用重要途径。然而，由于猪舍冲栏水也进发酵池发酵，导致沼液产量大而且氮、磷、氨离子浓度（mol/L）低，大大降低了沼液的肥效，此外，由于沼液储存和运输成本高，大大降低了沼液有机肥的经济性，进一步降低了沼液的经济价值，在一定程度上制约了沼液商业化生产的发展。

由政府扶持、养殖场和资源化利用企业合作，以沼液为原料生产沼液有机肥的合作开发模式可以帮助养殖场节约沼液处理成本、消除沼液污染，更好地促进我国生猪规模养殖业的可持续发展，还可以在高层次上再利用沼液资源，同时保护了农村自然环境，是种养结合消纳沼液模式之外的更先进的沼液消纳途径。因此，有必要对如何更好地引导养殖场和资源化利用企业参与沼液有机肥合作开发进行研究。

二、养殖场、资源化利用企业演化博弈模型构建

在构建养殖场与资源化利用企业之间行为交互的演化博弈模型之前，有必要做出一些基本符合现实情况且有利于简化分析的假设与设定。

假定养殖场群体和资源化利用企业群体具有一定的理性，在沼液有机肥合作开发的这一问题上均具有两种策略选择：合作与不合作。故策略集如下：（合作，合作）、（合作，不合作）、（不合作，合作）、（不合作，不合作）。

参数设定

（1）养殖场沼液总量为Q单位，沼液中所占比例最大的是水分，还包括氮磷等有效成分、重金属离子等，沼液总量主要是由猪粪尿及冲栏水的总量决定。

（2）沼液中含有q单位的有效物质（指可以制作沼液有机肥的成分，主要为氮、磷元素等）以及m单位的重金属离子，有效物质和重金属离子的量主要是由养殖规模等决定。

（3）养殖场土地资源禀赋所决定的消纳量n。养殖场所拥有的土地资源禀赋主要包括土地面积、土壤类型等，一般来说，土地面积大、土壤类型有利于消纳沼液的养殖场，沼液消纳量大，土地资源禀赋较好。

（4）种养结合主要是为了消纳沼液中的氮、磷等元素和重金属离子。从我国现实情况来看，养殖场自身所拥有的土地无法完全消纳沼液，沼液过量已成为普遍现象，因此，养殖场通常会采取以下方式来消纳过量的沼液：高成本的正外部性环境行为——租用周边农户土地或与种植企业合作；低成本的负外部性环境行为——将沼液偷排进河流，但是偷排沼液过多会造成农户作物烧苗，一旦被发现，需赔偿农户经济损失及缴纳行政罚款。本书将这两种过量沼液处理方式统称为外部处理方式，假设过量沼液的外部处理单位成本为C_2，则C_2可表示为上述两种处理方式成本的加

权平均值。假设养殖场在自身拥有的土地上消纳沼液需付出单位处理成本 C_1，本书称之为内部处理方式，结合实际情况有 $C_1 < C_2$；此外，为了简化模型，在表示养殖场处理过量沼液付出的外部处理成本时，以有效物质 q 的单位量计，不考虑重金属离子，这一假设对结论无影响。

（5）沼液的单位运输成本为 t，将沼液从养殖场运送到资源化利用企业，该费用由资源化利用企业支付。

（6）资源化利用企业生产沼液有机肥的单位成本为 d，主要包括去水、去重金属离子、配方、封装等流程。沼液去水流程的成本不仅与技术工艺有关，还与有效成分的浓度有关，浓度越低，去水量越大，成本也就越高，而有效成分的量是由养殖规模等决定的，因此也可以说，沼液总量越大，去水成本越高；设去水工艺成本系数为 a，去沼液重金属离子的成本系数为 b，均由技术工艺决定；配方及封装等成本为常量，设为 e。为了简化模型且要满足上述分析，本书选用线性函数表示沼液有机肥的单位生产成本：$d = aQ + bm + e$。在制造有机肥过程中，沼液原本的有效物质并不发生变化，因此，假定一单位的有效物质仍可生产一单位的液体有机肥。

（7）一单位沼液有机肥市场价格为 P，政府单位补贴为 S；若养殖场要寻求与资源化利用企业合作，需付出信息搜寻成本 F_1，同理，若资源化利用企业要寻求与养殖场合作，需付出信息搜寻成本 F_2。

（8）资源化利用企业的资源是有限的。相比于其他有机肥，如固体有机肥，生产沼液有机肥经济回报较低，因此，由生产其他有机肥转为生产沼液有机肥，会产生机会成本 g。

结合上述假设和设定，养殖场、资源化利用企业两方博弈支付矩阵可表示如下。

表3-1　养殖场、资源化利用企业支付矩阵

资源化利用企业	养殖场	
	合作	不合作
合作	$-F_1$；$q[P+S-(aQ+bm+e)-g]-Qt-F_2$	$-nC_1-(q-n)C_2$；$-F_2$
不合作	$-nC_1-(q-n)C_2-F_1$；0	$-nC_1-(q-n)C_2$；0

假设养殖场群体中采取合作策略的比例为P_1，则采取不合作策略的比例为$1-P_1$；资源化利用企业群体中采取合作策略的比例为P_2，则采取不合作策略的比例为$1-P_2$。$0 \leqslant P_1$，$P_2 \leqslant 1$。

养殖场群体采取合作策略的平均收益为：

$$E_{11} = -F_1 - (1-P_2)\left[nC_1 + (q-n)C_2\right] \tag{3-1}$$

养殖场群体采取不合作策略的平均收益为：

$$E_{12} = -\left[nC_1 + (q-n)C_2\right] \tag{3-2}$$

则养殖场群体的平均收益为：

$$E_1 = P_1 E_{11} + (1-P_1)E_{12} \tag{3-3}$$

资源化利用企业群体采取合作策略的平均收益为：

$$E_{21} = P_1\left\{q\left[P + S - (aQ + bm + e) - g\right] - Qt\right\} - F_2 \tag{3-4}$$

资源化利用企业群体采取不合作策略的平均收益为：

$$E_{22} = 0 \tag{3-5}$$

则资源化利用企业群体的平均收益为：

$$E_2 = P_2 E_{21} \tag{3-6}$$

进而可得养殖场、资源化利用企业博弈的复制动态方程为：

$$\begin{cases} \dfrac{dP_1}{dt} = P_1\left(E_{11} - E_1\right) = P_1\left(1 - P_1\right)\left\{P_2\left[nC_1 + (q-n)C_2\right] - F_1\right\} \\ \dfrac{dP_2}{dt} = P_2\left(E_{21} - E_2\right) = P_2\left(1 - P_2\right)\left\{P_1\left[q(P + S - (aQ + bm + e) - g) - Qt\right] - F_2\right\} \end{cases} \tag{3-7}$$

则式（3-7）的雅可比矩阵为：

$$J = \begin{pmatrix} (1-2P_1)\{P_2[nC_1+(q-n)C_2]-F_1\} & P_1(1-P_1)[nC_1+(q-n)C_2] \\ P_2(1-P_2)\left\{ \begin{array}{l} q[P+S- \\ (aQ+bm+e)-g]-Qt \end{array} \right\} & (1-2P_2)\left\{ P_1\left[\begin{array}{l} q(P+S- \\ (aQ+bm+e)-g) \end{array} \right]-Qt \right\}-F_2 \end{pmatrix}$$

（3-8）

三、均衡点稳定性分析

式（3-7）一定具有4个纯策略均衡点（0，0），（0，1），（1，0），（1，1）。根据均衡点稳定性判断方法：若均衡点的雅可比矩阵行列式值为正、迹值为负，即 $detJ>0$ 且 $trJ<0$，则该均衡点是稳定的，对应演化稳定策略（ESS），若雅可比矩阵行列式值为负，则此均衡点为鞍点。（1，1）即（合作，合作）是一个理想的结果，在（1，1）处雅可比矩阵行列式为

$$J = \begin{pmatrix} -[nC_1+(q-n)C_2-F_1] & 0 \\ 0 & -\{q[P+S-(aQ+bm+e)-g]-Qt-F_2\} \end{pmatrix}$$，若要

（1，1）是演化稳定策略（ESS），需满足以下条件：

$$\begin{cases} [nC_1+(q-n)C_2-F_1]\{q[P+S-(aQ+bm+e)-g]-Qt-F_2\}>0 \\ -[nC_1+(q-n)C_2-F_1]-\{q[P+S-(aQ+bm+e)-g]-Qt-F_2\}<0 \end{cases}$$。解得：

$$q[P+S-(aQ+bm+e)-g]-Qt-F_2>0 \qquad （3-9）$$

式（3-9）表明，若要养殖场和资源化利用企业达成合作，应在考虑生产沼液有机肥带来的机会成本的情况下仍要保障资源化利用企业有利可图；否则，如果生产沼液有机肥的经济回报不足以抵消机会成本，那么资源化利用企业将不愿意把有限的资源用于生产沼液有机肥，而是继续生产其他有机肥，则沼液有机肥合作开发模式就无法实现。为了研究各参数对养殖场、资源化利用企业策略选择的影响，有必要对式（3-7）的均衡点进一步分析。

在满足式（3-9）的条件下，式（3-7）具有5个均衡点，分别为（0，0），（0，1），（1，0），（1，1），(P_1^*, P_2^*)，其中，

$$P_1^* = \frac{F_2}{q[P+S-(aQ+bm+e)-g]-Qt} \quad , \quad P_2^* = \frac{F_1}{nC_1+(q-n)C_2}$$

。对5个均衡点

进行稳定性分析如表3-2。

表3-2　均衡点稳定性分析

均衡点	$detJ$	符号	trJ	符号	稳定性
$(0,0)$	F_1F_2	+	$-(F_1+F_2)$	-	ESS
$(0,1)$	$[nC_1+(q-n)C_2-F_1]F_2$	+	$nC_1+(q-n)C_2-F_1+F_2$	+	不稳定点
$(1,0)$	$\left\{\begin{array}{l}q[P+S-(aQ+bm+e)\\-g]-Qt-F_2\end{array}\right\}F_1$	+	$\left\{\begin{array}{l}q[P+S-(aQ+bm+e)\\-g]-Qt-F_2\end{array}\right\}+F_1$	+	不稳定点
$(1,1)$	$\begin{array}{l}[nC_1+(q-n)C_2-F_1]\\\left\{\begin{array}{l}q[P+S-(aQ+bm+e)\\-g]-Qt-F_2\end{array}\right\}\end{array}$	+	$\begin{array}{l}-[nC_1+(q-n)C_2-F_1]-\\\left\{\begin{array}{l}q[P+S-(aQ+bm+e)\\-g]-Qt-F_2\end{array}\right\}\end{array}$	-	ESS
(P_1^*,P_2^*)	$\begin{array}{l}-P_1^*(1-P_1^*)[nC_1+(q-n)C_2]\\P_2^*(1-P_2^*)\left\{\begin{array}{l}q[P+S-(aQ+\\bm+e)-g]-Qt\end{array}\right\}\end{array}$	-	0		鞍点

由表3-2知，在满足式（3-9）的条件下，式（3-7）具有两个演化稳定策略（0，0）和（1，1），即（不合作，不合作）和（合作，合作）。由两个不稳定演化策略（0，1）、（1，0）和鞍点$\left(P_1^*,P_2^*\right)$所连接而成的线段可以看成是系统收敛于不同模式的分界线。如图3-1所示。当养殖场、资源化利用企业的初始策略选择在区域①和④内时，系统的演化将最终锁定于"不良"状态，即演化稳定策略（0，0）；当养殖场、资源化利用企业的初始策略选择在区域②和③内时，系统的演化将最终收敛于"良好"状态，即演化稳定策略（1，1）。

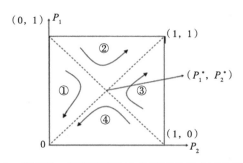

图3-1 养殖场、资源化利用企业策略选择交互动态过程

四、演化稳定策略参数分析

若要增大系统收敛于"良好"状态的概率，促使系统演化跳出"不良"锁定状态，可以通过调整鞍点$\left(P_1^*, P_2^*\right)$的位置来增大区域②和③的总面积。由$P_1^*$和$P_2^*$的表达式可以看出，$\left(P_1^*, P_2^*\right)$的位置受到多个参数的影响。下面选取几个参数进行参数分析。

1. 政府补贴S

由$\dfrac{\partial P_1^*}{\partial S} < 0$，$\dfrac{\partial P_2^*}{\partial S} = 0$知，当政府提升对沼液有机肥产品的补贴时，$P_1^*$减小，$P_2^*$不变，鞍点$\left(P_1^*, P_2^*\right)$向正下方移动，区域②面积变大，区域③面积不变，总面积增大，系统演化至（合作，合作）的概率变大。故当政府提升对沼液有机肥产品的补贴时，有利于系统演化跳出"不良"锁定状态。

2. 沼液总量Q

由$\dfrac{\partial P_1^*}{\partial Q} > 0$，$\dfrac{\partial P_2^*}{\partial Q} = 0$知，当养殖场产生的沼液总量降低时，$P_1^*$变小，$P_2^*$不变，鞍点$\left(P_1^*, P_2^*\right)$向正下方移动，区域②面积变大，区域③面积不变，总面积增大，系统演化至（合作，合作）的概率变大。也就是说，养殖场生产的沼液总量减少，即减少沼液中的水分，由$d=aQ+bm+e$知单位生产成本降低，由Qt知还降低了高昂的沼液运输成本，有利于系统演化跳出"不良"锁定状态。

3. 养殖场处理过量沼液量需付出的单位外部处理成本C_2

由$\dfrac{\partial P_1^*}{\partial C}=0$，$\dfrac{\partial P_2^*}{\partial C}<0$知，当养殖场处理过量沼液付出的单位外部处理成本变小时，P_1^*大小不变，P_2^*变大，鞍点$\left(P_1^*,P_2^*\right)$水平向右侧移动，区域②面积不变，区域③面积变小，总面积减小，系统演化至（合作，合作）的概率降低。故当养殖场可以通过偷排等低成本方式降低过量沼液处理成本时，不利于系统演化跳出"不良"锁定状态。

4. 信息搜寻成本F_1和F_2

由$\dfrac{\partial P_1^*}{\partial F_1}=0$，$\dfrac{\partial P_2^*}{\partial F_1}>0$；$\dfrac{\partial P_1^*}{\partial F_2}>0$，$\dfrac{\partial P_2^*}{\partial F_2}=0$知，养殖场为寻求沼液有机肥合作开发所付出的信息搜寻成本降低时，P_1^*不变，P_2^*减小，鞍点$\left(P_1^*,P_2^*\right)$水平向左移动，区域②面积不变，区域③面积增大，总面积增大，系统演化至（合作，合作）的概率变大。同理可知，当资源化利用企业为沼液有机肥合作开发所付出的信息搜寻成本降低时，系统演化至（合作，合作）的概率变大。降低养殖场和资源化利用企业双方寻求合作的信息搜寻成本，有利于系统演化跳出"不良"锁定状态。

5. 生产沼液有机肥产生的机会成本g

由$\dfrac{\partial P_1^*}{\partial g}>0$，$\dfrac{\partial P_2^*}{\partial g}=0$知，当资源化利用企业生产沼液有机肥的机会成本降低时，P_1^*变小，P_2^*不变，鞍点$\left(P_1^*,P_2^*\right)$向正下方移动，区域②面积变大，区域③面积不变，总面积增大，系统演化至（合作，合作）的概率变大。也就是说，生产沼液有机肥机会成本越低的资源化利用企业加入沼液有机肥合作开发模式的意愿越强，越有利于系统演化跳出"不良"锁定状态。

6. 养殖场土地资源禀赋所决定的消纳量n及有效物质单位量q

由$\dfrac{\partial P_1^*}{\partial n}=0$，$\dfrac{\partial P_2^*}{\partial n}>0$知，当养殖场土地资源禀赋所决定的沼液消纳量减小时，P_1^*不变，P_2^*减小，鞍点$\left(P_1^*,P_2^*\right)$水平向左侧移动，区域②面积不变，区域③面积增大，总面积增大，系统演化至（合作，合作）的概率变大。由$\dfrac{\partial P_1^*}{\partial q}<0$，$\dfrac{\partial P_2^*}{\partial q}<0$知，有效物质单位量增加时，$P_1^*$和$P_2^*$均减小，鞍点$\left(P_1^*,P_2^*\right)$向左下方移动，区域②和③面积都增大，总面积增大，

系统演化至（合作，合作）的概率变大。有效物质的总量主要是由养殖规模决定的，也就是说，养殖规模越大以及土地资源禀赋越差的养殖场加入沼液有机肥合作开发模式的意愿越强，越有利于系统演化跳出"不良"锁定状态。

第二节 规模养殖猪粪尿资源化利用模式

一、规模养殖猪粪尿资源化利用现状

农业废弃物资源化利用是解决农村环境脏乱差、建设美丽宜居乡村的关键环节，也是应对经济新常态、促投资稳增长的积极举措。与生活污染物、工业污染物等相比，养殖废弃物的污染属性和资源属性都很突出。污染属性表现为：养殖废弃物具有一定的污染性，传统上消纳养殖废弃物主要是采取"发酵+种养结合"模式，但该模式在实际操作中存在多个不足，再加上农业面源污染具有分散性、不确定性及时空分布的特征，使得养殖场极易产生机会主义污染行为，造成严重的面源污染；资源属性表现为：养殖废弃物具有一定的回收价值，如畜禽粪尿可用于生物质发电，还富含氮磷等有机质，是制作生物质有机肥的良好原料。因此，与生活污染物、工业污染物等基于污染者付费的资源化利用模式不同，养殖废弃物资源化利用存在两种交易模式：污染—收费，即养殖场委托资源化利用企业治理农业废弃物，资源化利用企业向养殖场收取费用；资源—收购，即资源化利用企业向养殖场购买农业废弃物。养殖废弃物资源化利用的参与者包括资源化利用企业和养殖场，它的市场化运营需建立在合理的契约之上，本节对猪粪尿废弃物资源化利用模式的研究针对两个问题：一是交易方式选择，二是价格确定。

涉及农业废弃物资源化利用收购方式，大部分学者主要从供应链的视角开展收购模式、收购价格的研究。檀勤良认为可以通过改变收购模式，以及合理规划电厂，从而降低秸秆购买价格，提升发电厂盈利能力。Zhang在多个合作与竞争策略中确定一个供应合作竞争策略。Luo提出一种新的生物质原料供应村民委员会模式，为整个农业生物质供应链带来了更高的利润。张得志运用Stackelberg博弈模型研究农户在不同供应模式下

秸秆的最优收购价格。檀勤良运用博弈论方法，对基金组织模式与传统模式下的生物质燃料供给量、收购价格、各方利益进行对比分析。范敏针对在不同收购模式下农村沼气供应链研究生猪养殖废弃物的收购价格、收购量之间的变化关系。Zhai研究了政府不同政策选择下电厂生物质的最优收购价格。

涉及农业废弃物资源化利用收费方式，学者主要侧重于对农业生产者期望支付水平进行测算，从而为收费价格的制定提供依据。赵俊伟运用Heckman两阶段模型参数估计法计算得出吉林、辽宁两省生猪规模养殖户对生猪粪污第三方治理的平均支付水平期望值为6.47元/（头·年）。何可研究发现，湖北省68.5%的农户愿意为农业废弃物污染防控所带来的生态福利付费，平均支付意愿为130.08~189.84元/年，新生代湖北省农民对农业废弃物资源化的平均意愿支付水平的期望值为254.64元/年。

当前针对农业废弃物资源化利用模式的研究都是基于单一交易方式下的定价研究，即仅考虑收费方式或收购方式，但缺少对如何选择资源化利用方式的研究，实质上是仅考虑了农业废弃物的单一属性，缺乏对农业废弃物污染和资源双重属性的考量。基于此，运用演化博弈理论，从演化稳定性的视角，通过对养殖废弃物资源化利用两种交易方式的对比分析，探索如何先选择资源化利用交易方式后定价，从而构建更为合理的养殖废弃物资源化利用模式。

二、演化博弈模型构建及分析

根据农业废弃物的双重属性，资源化利用企业可以向养殖场收取废弃物处理费用或者向养殖场支付废弃物购买费用，具体的模型参数设置如下。

养殖场的生产活动分为两大环节：一是农业生产环节，利润为R_1；二是农业废弃物处理环节，包括预处理和末端处理。预处理是指对生产环节产生的废弃物的初步处理（如对猪舍中粪尿的收集）。废弃物包含可回收物和不可回收物。假设可回收物的量为q单位，不可回收物与可回收物的比例为λ，λ越低表示废弃物中不可回收物占比越低，即减量化生产水平越高（如采取高架网床技术或人工清粪方式下λ的值低于水冲清粪方式）；废弃物总量为$q(1+\lambda)$，预处理成本为qC_1/λ，C_1为养殖场预处理成本系数。末端处理是指养殖场对预处理的废弃物的再处理，在资源化利用模式中，养殖场将废弃物以价格ω_1出售给资源化利用企业，或者资源化利用企业以价格ω_2收取处理费用、养殖场支付比例为t；若养殖场未参与资源化利用，独自处理废弃物的成本为$q(1+\lambda)d$，d为养殖场独自处理废弃物单位成本。

资源化利用企业对养殖场的废弃物处理成本受到λ的影响：λ越小表明废弃物中不可回收物的含量越低，资源化利用企业对废弃物的处理成本也越低，设处理成本为$q\lambda C_2$，C_2表示资源化利用企业废弃物处理的成本系数；资源化利用企业获得收益R_2。

假定养殖场群体和资源化利用企业群体具有一定的理性，均可以选择以收购或收费模式加入废弃物的资源化利用。结合上述模型假设，养殖场、资源化利用企业两方博弈支付矩阵如下（表3-3）。

表3-3　养殖场、资源化利用企业支付矩阵

养殖场	企业	
	收购	收费
收购	$R_1+q(1+\lambda)\omega_1-qC_1/\lambda$； $R_2-q(1+\lambda)\omega_1-q\lambda C_2$	$R_1-qC_1/\lambda-q(1+\lambda)d$；0
收费	$R_1-qC_1/\lambda-q(1+\lambda)d$；0	$R_1-q(1+\lambda)\omega_1-qC_1/\lambda$； $R_2+q(1+\lambda)\omega_1-q\lambda C_2$

假设参与资源化利用的养殖场群体中，以收购模式参与的比例为P_1，则以收费模式参与的比例为$1-P_1$；资源化利用企业群体中以收购模式参与的比例为P_2，则以收费模式参与的比例为$1-P_2$，$0 \leq P_1, P_2 \leq 1$。

养殖场以收购模式参与收益、以收费模式参与收益、平均收益分别为：

$$E_{11} = P_2\left[R_1 + q(1+\lambda)\omega_1 - qC_1/\lambda\right] + (1-P_2)\left[R_1 - qC_1/\lambda - q(1+\lambda)d\right] \quad （3-10）$$

$$E_{12} = P_2\left[R_1 - qC_1/\lambda - q(1+\lambda)d\right] + (1-P_2)\left[R_1 - q(1+\lambda)\omega_2 t - qC_1/\lambda\right] \quad （3-11）$$

$$E_1 = P_1 E_{11} + (1-P_1)E_{12} \quad （3-12）$$

资源化利用企业以收购模式参与收益、以收费模式参与收益、平均收益分别为：

$$E_{21} = P_1\left[R_2 - q(1+\lambda)\omega_1 - q\lambda C_2\right] \tag{3-13}$$

$$E_{22} = (1-P_1)\left[R_2 + q(1+\lambda)\omega_2 - q\lambda C_2\right] \tag{3-14}$$

$$E_2 = P_2 E_{21} + (1-P_2)E_{22} \tag{3-15}$$

进而得养殖场、资源化利用企业博弈的复制动态方程为：

$$
\begin{cases}
\dfrac{dP_1}{dt} = P_1\left(E_{11} - E_1\right) = P_1\left(1-P_1\right)\left\{ \begin{array}{l} P_2\left[2q(1+\lambda)d + q(1+\lambda)\omega_1 - q(1+\lambda)\omega_2 t\right] \\ -\left[q(1+\lambda)d - q(1+\lambda)\omega_2 t\right] \end{array} \right\} \\
\dfrac{dP_2}{dt} = P_2\left(E_{21} - E_2\right) = P_2\left(1-P_2\right)\left\{ \begin{array}{l} P_1\left[2R_2 - 2q\lambda C_2 - q(1+\lambda)\omega_1 + q(1+\lambda)\omega_2 t\right] \\ -\left[R_2 - q\lambda C_2 + q(1+\lambda)\omega_2 t\right] \end{array} \right\}
\end{cases}
\tag{3-16}
$$

式（3-16）的雅可比矩阵：

$$
J = \begin{pmatrix}
(1-2P_1)\left\{ \begin{array}{l} P_2\left[2q(1+\lambda)d + q(1+\lambda)\omega_1 - q(1+\lambda)\omega_2 t\right] \\ -\left[q(1+\lambda)d - q(1+\lambda)\omega_2 t\right] \end{array} \right\} & P_1(1-P_1)\left[2q(1+\lambda)d + q(1+\lambda)\omega_1 - q(1+\lambda)\omega_2 t\right] \\
P_2(1-P_2)\left[2R_2 - 2q\lambda C_2 - q(1+\lambda)\omega_1 + q(1+\lambda)\omega_2 t\right] & (1-2P_2)\left\{ \begin{array}{l} P_1\left[2R_2 - 2q\lambda C_2 - q(1+\lambda)\omega_1 + q(1+\lambda)\omega_2 t\right] \\ -\left[R_2 - q\lambda C_2 + q(1+\lambda)\omega_2 t\right] \end{array} \right\}
\end{pmatrix}
$$

式（3-16）具有4个纯策略均衡点（0，0），（0，1），（1，0），（1，1）及1个可能存在的混合策略均衡点 $\left(P_1^*, P_2^*\right)$，其中，

$$P_1^* = \frac{R_2 - q\lambda C_2 + q(1+\lambda)\omega_2 t}{2R_2 - 2q\lambda C_2 - q(1+\lambda)\omega_1 + q(1+\lambda)\omega_2 t}, \quad P_2^* = \frac{d - \omega_2 t}{2d + \omega_1 - \omega_2 t}。$$ 根据Fried

man提出的稳定性判别方法，对表3-4中5个均衡点处雅可比行列式进行分析。

表3-4　均衡点处雅可比行列式分析

均衡点	$detJ$	trJ
（0，0）	$q(1+\lambda)(d - \omega_2 t) \times$ $\left[R_2 - q\lambda C_2 + q(1+\lambda)\omega_2 t\right]$	$-q(1+\lambda)(d - \omega_2 t) -$ $\left[R_2 - q\lambda C_2 + q(1+\lambda)\omega_2 t\right]$
（0，1）	$q(1+\lambda)(d + \omega_1) \times$ $\left[R_2 - q\lambda C_2 + q(1+\lambda)\omega_2 t\right]$	$q(1+\lambda)(d + \omega_1) +$ $\left[R_2 - q\lambda C_2 + q(1+\lambda)\omega_2 t\right]$

（续表）

均衡点	detJ	trJ
（1，0）	$q(1+\lambda)(d-\omega_2 t) \times$ $[R_2 - q\lambda C_2 - q(1+\lambda)\omega_1]$	$q(1+\lambda)(d-\omega_2 t) +$ $[R_2 - q\lambda C_2 - q(1+\lambda)\omega_1]$
（1，1）	$q(1+\lambda)(d+\omega_1)$ $[R_2 - q\lambda C_2 - q(1+\lambda)\omega_1]$	$-q(1+\lambda)(d+\omega_1) -$ $[R_2 - q\lambda C_2 - q(1+\lambda)\omega_1]$
$\left(P_1^*, P_2^*\right)$	$-P_1^*\left(1-P_1^*\right)\left[2q(1+\lambda)d + q(1+\lambda)\omega_1 - q(1+\lambda)\omega_2 t\right]$ $P_2^*\left(1-P_2^*\right)\left[2R_2 - 2q\lambda C_2 - q(1+\lambda)\omega_1 + q(1+\lambda)\omega_2 t\right]$	0

结论一：当$d-\omega_2 t>0$、$R_2-q\lambda C_2-q（1+\lambda）\omega_1 \leq 0 < R_2-q\lambda C_2+q（1+\lambda）\omega_2 t$，农业废弃物资源化利用只能采取收费模式；当$d-\omega_2 t \leq 0$、$R_2-q\lambda C_2-q（1+\lambda）\omega_1>0$，农业废弃物资源化利用只能采取收购模式。

由于规模化及专业化的影响，养殖场独自末端处理废弃物的成本应高于交由资源化利用企业的处理费用（$d-\omega_2 t>0$），且资源化利用企业仅在收费模式下收益为正[$R_2-q\lambda C_2-q（1+\lambda）\omega_1 \leq 0 < R_2-q\lambda C_2+q（1+\lambda）\omega_2 t$]，此时仅有一个演化稳定策略（0，0），即只能采取收费模式，演化路径1如图3-2所示。但是部分养殖场偷排废弃物等违规行为降低了实际付出的废弃物处理成本，若降低至不高于交由资源化利用企业的处理费用（$d-\omega_2 t \leq 0$），即使资源化利用企业在两种模式下收益都为正[$R_2-q\lambda C_2+q（1+\lambda）\omega_2 t > R_2-q\lambda C_2-q（1+\lambda）\omega_1>0$]，也仅有一个演化稳定策略（1，1），即只能采取收购模式，演化路径2如图3-3所示。

结论二：当$d-\omega_2 t>0$、$R_2-q\lambda C_2-q（1+\lambda）\omega_1>0$，农业废弃物资源化利用采取收购或收费模式都是可行的，但何种模式更为稳定取决于以下条件：当$\lambda < \dfrac{R_2-qd-q(\omega_1-\omega_2 t)}{qd+q(\omega_1-\omega_2 t)+qC_2}$时，收购模式更稳定，当$\lambda > \dfrac{R_2-qd-q(\omega_1-\omega_2 t)}{qd+q(\omega_1-\omega_2 t)+qC_2}$时，收费模式更稳定。

养殖场独自处理废弃物的成本高于交由资源化利用企业的处理费用（$d-\omega_2 t>0$）且在两种模式下企业收益都为正[$R_2-q\lambda C_2+q（1+\lambda）\omega_2 t > R_2-q\lambda C_2-q（1+\lambda）\omega_1>0$]，此时具有两个演化稳定策略（0，0）、（1，

1），即采取收费和收购模式都是可行的。演化路径3（图3-4）中，由不稳定演化策略（0，1）、（1，0）和鞍点$\left(P_1^*, P_2^*\right)$所连接而成的线段为演化收敛于不同契约的分界线。当养殖场、资源化利用企业的初始策略选择在区域①和④内时，演化最终收敛于收费模式，即演化稳定策略（0，0）；当养殖场、资源化利用企业的初始策略选择在区域②和③内时，最终将收敛于收购模式，即演化稳定策略（1，1）。因此，每种模式的稳定性可以用所对应的面积来表示：收购模式稳定性$T_1 = 1 - \dfrac{P_1^* + P_2^*}{2}$，收费模式稳定性$T_2 = \dfrac{P_1^* + P_2^*}{2}$，通过对$T_1$和$T_2$的对比，得结论三。

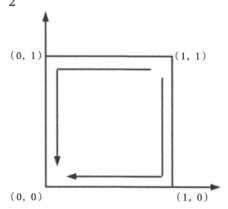

图3-2 资源化利用演化路径（1）

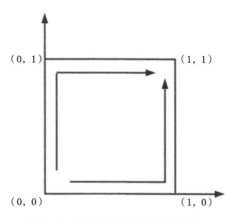

图3-3 资源化利用演化路径（2）

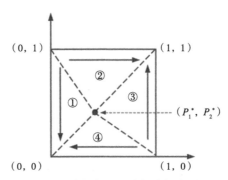

图3-4 资源化利用演化路径（3）

结论三： 在收购模式下，资源化利用企业最优收购价格

$$\omega_1^* = \frac{\sqrt{d-\omega_2 t}\left[2R_2 - 2q\lambda C_2 + q(1+\lambda)\omega_2 t\right] - \sqrt{\left[R_2 - q\lambda C_2 + q(1+\lambda)\omega_2 t\right]q(1+\lambda)(2d-\omega_2 t)}}{q(1+\lambda)\sqrt{d-\omega_2 t} + \sqrt{\left[R_2 - q\lambda C_2 + q(1+\lambda)\omega_2 t\right]q(1+\lambda)}}$$

在收费模式下，资源化利用企业最优收费价格

$$\omega_2^* = \frac{\sqrt{\left[R_2 - q\lambda C_2 - q(1+\lambda)\omega_1\right]q(1+\lambda)}(2d+\omega_1) - \sqrt{d+\omega_1}\left[2R_2 - 2q\lambda C_2 - q(1+\lambda)\omega_1\right]}{q(1+\lambda)t\sqrt{d+\omega_1} + \sqrt{\left[R_2 - q\lambda C_2 - q(1+\lambda)\omega_1\right]q(1+\lambda)t}}。$$

证明： 由

$$\frac{d^2 T_1}{d\omega_1^2} = -\frac{\left[R_2 - q\lambda C_2 + q(1+\lambda)\omega_2 t\right]q^2(1+\lambda)^2}{\left[2R_2 - 2q\lambda C_2 - q(1+\lambda)\omega_1 + q(1+\lambda)\omega_2 t\right]^3} - \frac{d-\omega_2 t}{(2d+\omega_1-\omega_2 t)^3} < 0$$

知收购模式稳定性 T_1 是关于收购价格 ω_1 的凹函数，T_1 有极大值，求解 $\frac{dT_1}{d\omega_1} = 0$ 可得最优收购价格 ω_1^*。同理可得，在收费模式下，最优收费价格 ω_2^*。

三、规模养殖猪粪尿资源化利用案例分析

养殖废弃物指养殖过程中产生的畜禽粪尿及冲栏水等混合物。相比于秸秆等种植废弃物，养殖废弃物的资源属性和污染属性尤为突出。当前农业废弃物领域研究的热点，已经从种植废弃物转向养殖废弃物，从未经处理的废弃物到能源利用。

萍乡市泰华牧业科技有限公司（以下简称泰华牧业）地处江西省萍乡市湘东区排上镇兰坡村，是当地养殖业的龙头企业。泰华牧业于2005

年注册成立，前身为萍乡市排上生猪养殖协会。在发展养殖业的同时，协会积极引导养殖户发展沼气生态工程和无公害蔬菜项目，形成养殖效益—沼气生态效益—种植效益一体化的综合效益模式。在扩大养殖规模的同时，利用猪场的废气、废料通过沼气池厌氧灭菌，协会已建立了100多个沼气池，既保护了猪场的环境，又可以无偿向周围300户农户提供生活用气，年节约燃料费用10多万元。同时，沼气发酵后的肥料无偿提供给周围农户发展种植业，年节约化肥20多万元。该企业在2008年投资共计360万元（其中中央政府补贴90万元），建立了配有热电联产的中温厌氧发酵储气一体化的沼气工程，中温厌氧发酵罐的有效容积为1 200m³，沼气发电机额定功率为120kW，2009年正式投入使用。除此之外，该公司于2005年建造的1 200m³地下式常温发酵沼气池和800m³地面式常温发酵沼气池仍同时使用。猪粪便用冲栏水稀释后进中温厌氧发酵罐进行中温发酵，猪尿进地下及地面式常温发酵沼气池进行常温发酵。发酵产物为沼液、沼渣和沼气。沼液流经13.32hm²水稻田，用于灌溉可代替化肥节约农药，多余的沼液经三级过滤好氧延迟存储工程技术处理后最终达到排放要求；沼渣直接出售；沼气用作生活燃料和沼气发电。从2016年开始，可以发电上网，享有政府补贴；发电机运转发出的热量由热量回收装置回收后，一方面传送至发酵罐进行加热，保持罐内35℃的发酵温度，该沼气工程具有产气量大且稳定、粪尿处理能力强的特点，不仅最大程度上实现了资源的循环利用，而且还完全消除了猪粪尿的直接污染，解决了传统的地面式及地下室常温发酵池冬季处理能力低下、污染严重的问题。另一方面以热水的形式流经食堂、浴室等用于做饭、沐浴、洗衣等。该养殖场沼气工程收益主要来自沼气发电的收益、沼气用作燃料的收益、出售沼渣的收益、沼液代替化肥的间接收益，以及利用发电机发电的部分余热以热水的形式用于沐浴洗衣做饭的间接收益；年运行成本主要包括发电机、管道等设备的年维护费用、沼气工程自身年能耗费用、厌氧发酵罐的年清淤费用和管理人员的薪酬。泰华牧业年产沼气47万m³，在满足生产生活需要后还可发电30余万度，以萍乡市生物质能源发电上网价格1.07元/度计，可为泰华养殖场带来直接经济收益30余万元。泰华牧业完全消除了剩余沼气直接外排的污染现象。利用生物质能源发电上网补贴政策，从市场机制的角度激励企业主动消除沼气污染，是卓有成效的。

2017年正合公司在新余市渝水区罗坊镇建成大型沼气工程项目，从周边购买鲜猪粪（有机质含量约为20.4%），收购价格为65元/t。利用所得结论，对该大型沼气工程项目的交易模式及收购价格进行分析。

借鉴文献，参数取值如下：$\omega_2=0$，$d=58$元/t，$q=306t$，$\lambda=3.90$，分别代入结论一、结论二计算可得仅结论二"$d-\omega_2 t>0$、$R_2-q\lambda C_2-q(1+\lambda)\omega_1>0$"成立，这表明该大型沼气工程项目摆脱了仅能采取收费或者收购的困境，对鲜猪粪采取收购或收费的方式都是可行的，但由$\dfrac{R_2-qd-q(\omega_1-\omega_2 t)}{qd+q(\omega_1-\omega_2 t)+qC_2}=4.49>\lambda$可知，采取收购模式比收费模式更加稳定，从收购模式稳定性 $T_1=1-\dfrac{P_1^*+P_2^*}{2}=0.59$ 与收费模式稳定性 $T_2=\dfrac{P_1^*+P_2^*}{2}=0.41$ 也可以看出，该大型沼气工程对当地鲜猪粪采取收购模式更加合理。

将参数取值代入结论三中 ω_1^* 表达式可得，最优收购价格为40.8元/t。这表明，罗坊镇鲜猪粪市场价格偏高，不利于该大型沼气工程项目的长期运营，在未给予发电上网补贴、有机肥补贴等政策扶持的情况下，新余市政府可以给予正合公司废弃物购买补贴，补贴标准为24.2元/t。

当前该大型沼气工程项目还存在一个较为突出的问题，即仅收购减量化生产水平较高的生猪粪污，因此仅有少数养殖场能够参与，在后续发展中，可进一步以收费模式吸纳低减量化水平的养殖场加入。根据结论二，建议该大型沼气工程项目对减量化生产水平较低（$\lambda>4.49$）的养殖场采取猪粪收费方式，对减量化生产水平较高（$\lambda<4.49$）的养殖场采取猪粪收购方式，并根据结论三，制定不同的猪粪收费或收购价格。

本章小结

沼液污染是当前制约我国生猪规模养殖业可持续发展的关键因素，而种养结合模式难以彻底消除沼液污染。以沼液为原料制作液体有机肥不仅解决了沼液污染问题，还充分开发再利用了沼液资源，是种养结合模式的有益补充。为了探究如何引导养殖场和资源化利用企业这两大参与主体参与沼液有机肥合作开发，首先构建了生猪规模养殖场和资源化利用企业行为交互作用下的演化模型。分析表明，需在考虑生产沼液有机肥带来的机会成本的情况下保障资源化利用企业有利可图，是"养殖场+资源化利用企业"合作开发模式实现的前提；然而，在实现该前提条件下，沼液有机肥合作开发的系统演化状态有可能收敛于"良好"状态，但也有可能锁定于"不良"状态，通过对模型参数的调节可以跳出"不良"锁定状态。随后进行的参数分析表明，沼液有机肥合作开发付出的信息搜寻成本的降低，政府对沼液有机肥补贴的增加以及养殖场沼液减量化处理均有利于系统演化跳出"不良"锁定状态；养殖场通过偷排等负外部性方式降低沼液处理成本，将不利于系统演化跳出"不良"锁定状态。此外，养殖规模较大、土地资源禀赋较差的养殖场和生产沼液有机肥机会成本较低的资源化利用企业参与沼液有机肥合作开发的意愿较强。

针对养殖场将猪粪尿全量化交由资源化利用企业处理的情况，建立农业废弃物资源化利用双模式演化博弈模型，得出收费模式与收购模式的适用条件及收费模式与收购模式的最优定价表达式，最后以新余市正合公司农业废弃物资源化利用项目为背景，探讨了如何构建契约。

第四章 农林生物质发电供应链
协调机制

4

我国农林生物质能资源非常丰富，发展生物质发电产业前景广阔。一方面，中国农作物播种面积有18亿亩，年产生物质约7亿t，相当于3.5亿t标准煤。此外，农产品加工废弃物包括稻壳、玉米芯、花生壳、甘蔗渣和棉籽壳等，也是重要的生物质资源。另一方面，我国现有森林面积约1.95亿hm^2，森林覆盖率20.36%，每年可获得生物质资源量8亿～10亿t。同时，发展生物质发电，实施煤炭替代，可显著减少二氧化碳和二氧化硫排放，产生巨大的环境效益。与传统化石燃料相比，生物质能属于清洁燃料，燃烧后二氧化碳排放属于自然界的碳循环，不形成污染。据测算，运营1台2.5万kW的生物质发电机组，与同类型火电机组相比，可减少二氧化碳排放，约10万t/年。到2025年之前，可再生能源中，生物质能发电将占据主导地位。当前，利用农林生物质再生能源发电已经成为解决能源短缺的重要途径之一。

与规模养殖废弃物相比，农林生物质的资源属性突出，因此其交易方式较为单一，即农户将秸秆、林木等生物质出售，但是由于农林生物质分布范围广泛，收集难度大，往往会有专业的收集商进行收集并销售给资源化利用企业。因此，从参与主体上来说，农林生物质发电产业链比养殖废弃物资源化利用产业链要更为复杂，因此，更需要进行协调。本章从供应链的视角，对农林生物质发电供应链的协调机制进行研究。

第一节 我国生物质发电现状分析

一、生物质发电发展现状

生物质是指利用大气、水、土地等通过光合作用而产生的各种有机体，即一切有生命的可以生长的有机物质统称为生物质。生物质能，就是太阳能以化学能形式贮存在生物质中的能量形式，即以生物质为载体的能量。它直接或间接来源于绿色植物的光合作用，可转化为常规的固态、液态和气态燃料，取之不尽、用之不竭，是一种可再生能源，同时也是唯一可再生的碳源。生物质能的转换技术主要包括直接氧化（燃烧）、热化学转换和生物转换。生物质能发电技术是以生物质及其加工转化成的固体、液体、气体为燃料的热力发电技术。

基于生物资源分散、不易收集、能源密度较低等自然特性，生物质能发电与传统的大型发电厂相比，具有如下特点。

一是生物能发电的重要配套技术是生物质能的转化技术，且转化设备必须安全可靠、维修保养方便。

二是利用当地生物资源发电的原料必须具有足够的储存量，以保证持续供应。

三是所有发电设备的装机容量一般较小，且多为独立运行的方式。

四是利用当地生物质能资源就地发电、就地利用，不需外运燃料和远距离输电，适用于居住分散、人口稀少、用电负荷较小的农牧区及山区。

五是生物质发电所用能源为可再生能源，污染小、清洁卫生，有利于环境保护。

为了推动生物质发电行业的发展，我国出台了多项政策，引导其快速发展（表4-1）。

表4-1　2020—2021年我国关于生物质发电行业部分政策汇总

时间	名称	具体内容
2021年3月	《关于"十四五"大宗固体废弃物综合利用的指导意见》	大力推进秸秆综合利用，推动秸秆综合利用产业提质增效。坚持农用优先。持续推进秸秆肥料化、饲料化和基料化利用。发挥好秸秆耕地保育和种养结合功能。扩大秸秆清洁能源利用规模，鼓励利用秸秆等生物质能供热供气供暖，优化农村用能结构，推进生物质天然气在工业领域应用

时间	名称	具体内容
2021年2月	《国家能源局关于因地制宜做好可再生能源供暖相关工作的通知》	有序发展生物质热电联产，因地制宜加快生物质发电向热电联产转型升级，为具备资源条件的县城、人口集中的农村提供民用供暖，以及为中小工业园区集中供热。合理发展以农林生物质、生物质成型燃料、生物天然气等为燃料的生物质供暖，鼓励采用大中型锅炉，在农村、城镇等人口聚集区进行区域集中供暖。同等条件下，生物质发电补贴优先支持生物质热电联产项目
2020年9月	《完善生物质发电项目建设运行的实施方案》	引入了信用承诺制度，申报单位需承诺项目不存在弄虚作假情况，建设运行合法合规。建立监测预警制度，综合评估行业发展情况，引导企业科学、有序建设，理性投资。补贴资金中央地方分担。自2021年起，新纳入补贴范围的项目（包括2020年已并网但未纳入当年补贴规模的项目及2021年起新并网纳入补贴规模的项目）补贴资金由中央地方共同承担
2020年6月	《关于核减环境违法垃圾焚烧发电项目可再生能源电价附加补助资金的通知》	除了项目获得审批、核准或备案，纳入年度投资计划外，新增垃圾焚烧发电项目还需要所在城市实行垃圾处理收费制度
2020年4月	《关于有序推进新增垃圾焚烧发电项目建设有关事项的通知》（征求意见稿）	对于2016年3月后并网的生物质发电项目，要想进入补贴清单，享受可再生能源补贴，需要满足以下条件：需于2018年1月底前全部机组完成并网；符合国家能源主管部门要求；符合国家可再生能源价格政策；上网电价已获得价格主管部门批复
2020年3月	《关于开展可再生能源发电补贴项目清单有关工作的通知》	以收定支，合理确定新增项目发展规模；通过竞争性方式配置新增项目，在年度补贴资金总额确定的前提下，将对生物质发电进行分类管理；补贴资金将按年度拨付，财政根据年度可再生能源电价附加收入预算和补助资金申请情况，将补贴资金拨付到电网企业，电网企业根据补助资金收支情况，按照相关部门确定的优先顺序，向生物质发电企业兑付补助资金

（续表）

时间	名称	具体内容
2020年1月	《可再生能源电价附加资金管理办法》	规定了生活垃圾焚烧发电厂根据焚烧炉和自动监控系统运行情况，如实标记自动监测数据的规则。本规则适用于投入运行的垃圾焚烧厂。只焚烧不发电的生活垃圾焚烧厂参照执行
2020年1月	《关于促进非水可再生能源发电健康发展的若干意见》	明确了可再生能源电价附加补助资金结算规则。为进一步明确相关政策，稳定行业预期，一是按合理利用小时数核定可再生能源发电项目中央财政补贴资金额度；二是规定纳入可再生能源发电补贴清单范围的项目，全生命周期补贴电量所发电量，按照上网电价给予补贴

在国家政策和财政补贴的大力推动下，我国生物质能发电投资持续增长。数据显示，2019年我国生物质发电投资规模突破1 502亿元，同比增长12.3%，较2012年增长了近一倍。投资项目方面，截至2019年底，全国已投产生物质能发电项目1 094个，较2018年增长192个，较2016年增长了439个，其中农林生物质发电项目达到374个。总之，在国家政策支持下，生物质发电建设规模持续增加，项目建设运行保持较高水平，技术及装备制造水平持续提升，助力构建清洁低碳、安全高效能源体系，对各地加快处理农林废弃物和生活垃圾发挥了重要作用（图4-1，图4-2）。

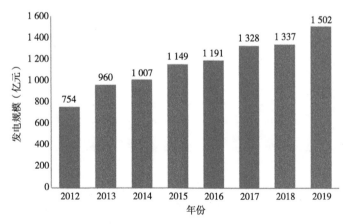

图4-1 2012—2019年全国生物质发电投资规模

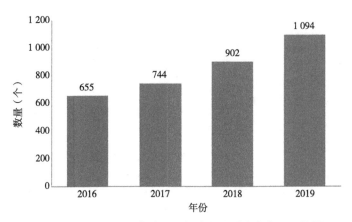

图4-2 2016—2019年全国已投产生物质能发电项目数量

在国家大力鼓励和支持下，可再生能源，以及生物质能发电投资热情高涨，各类生物质发电项目纷纷建设投产等推动下，我国生物质能发电技术产业呈现出全面加速的发展态势。据国家能源局数据显示，2019年，生物质发电新增装机473万kW，累计装机达到2 254kW，同比增长26.6%；全年生物质发电量1 111亿kWh，同比增长20.4%，继续保持稳步增长势头。截至2020年底，中国生物质发电新增装机达到543万kW，累计装机达到2 952万kW，同比增长22.6%；生物质发电量达到1 326亿kWh，同比增长19.4%，继续保持稳步增长势头（图4-3至图4-5）。

图4-3 2012—2020年中国生物质发电新增及累计装机容量统计情况

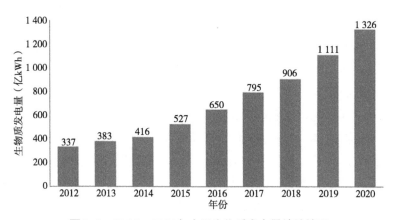

图4-4　2012—2020年中国生物质发电量统计情况

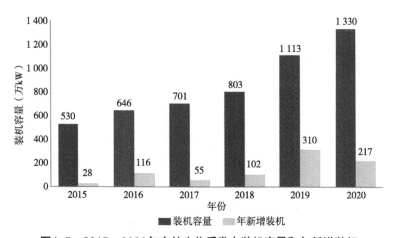

图4-5　2015—2020年农林生物质发电装机容量和年新增装机

二、生物质发电研究现状

生物质发电是利用生物质所具有的生物质能进行的发电，主要包括农林废弃物、城镇垃圾。垃圾发电原料供应稳定，还可以收取垃圾处理费，相比之下，农林生物质发电供应链总成本高，商业化进程较慢。在农林生物质发电过程中，涉及农户、中间商、发电厂等上下游主体，如何集成上下游相关主体，从而提升各主体收益、促进可持续发展，是一个具有理论和现实意义的热点问题。

　　农林生物质发电涉及农户、中间商、发电厂、国家电网等上下游多个主体，在集成上下游相关主体，形成一条信息共享、协同作业的战略联盟方面，供应链管理是一个广泛使用的研究方法。当前关于农林生物质发电供应链管理的研究主要集中于3个方面：一是供应链成本研究。苏世伟依据供应链环节和生物质原料生命周期理论将其物流成本分为收集成本、存储成本和运输成本3类进行研究。张茜对生物质能秸秆回收物流成本进行了分析及测算。王火根基于生命周期评价对生物质与煤炭发电综合成本进行了核算。二是生物质回收模式研究。檀勤良通过供应链中各主体的收益情况，研究了基金组织等3种生物质回收模式。Luo和Jiang考虑了村民委员会生物质供应模式。三是供应链协调机制研究。檀勤良通过引入契约机制、信息共享机制和收益分配机制来构建新的供应链协同合作模式，还建立生物质发电供应链系统协同模型，分析生物质发电供应链系统的协同特性。薛朝改从公平偏好的视角对秸秆发电供应链的协调问题进行了研究。吴军提出了秸秆发电供应链上游收集与采购合作契约设计。张济建构建"政府—农户—秸秆发电企业"三方博弈模型，提出有限激励、理性退坡下秸秆绿色处理协同机制。Fan设计了农民与制造商之间的"保护价+补贴"合同，以及中间商与制造商之间的"回购+收入共享"合同。杨思琦提出了林木生物质中间商和生产商合并模式并验证了可以实现供应链的帕累托改进。

　　当前的研究为农林生物质发电供应链的良好发展提供了丰富的理论依据，但仍有两点需要进一步研究：①当前的研究所提出的农林生物质发电单一契约和联合契约协调机制只能实现供应链帕累托改进，无法实现供应链的帕累托最优。基于此，本章在当前的研究基础上，探索农林生物质发电供应链的优化协调机制设计，以实现供应链帕累托最优，为农林生物质发电供应链可持续发展提供决策支持。②对补贴退坡的影响较少考虑。本章在参考供应链成本研究成果的基础上，针对"中间商—发电厂"这一二级生物质发电供应链决策进行研究，为后补贴时代下农林生物质发电供应链的可持续发展提供决策支持。

第二节　基于收集量激励的农林生物质发电供应链协调

一、农林生物质发电供应链模型构建与分析

本节的研究对象是由中间商、发电厂构成的二级供应链。中间商对农林生物质进行收集、运输并销售给发电厂，发电厂利用存储的生物质发电，将电力销售给国家电网，获得生物质发电补贴。为了简化模型且不失一般性，假设农林生物质在收集区域内具有广泛性、周期性且分布密度均匀，则中间商会优先收集周边的生物质，然后根据需求量逐步扩大收集距离，因此，假设收集区域呈现圆形状态，收集距离也称为收集半径。根据张茜（2017）和Simon（2021）对农林生物质发电供应链成本收益的研究成果，模型相关参数如表4-2所示。

表4-2　模型参数及含义

参数	含义	参数	含义
P	单位电价	S	发电上网单位补贴
t	发电厂电能的生物质转化系数	ω	发电厂从中间商收购生物质原料的价格
q	生物质的收集量	ω_F	农林生物质的市场价格
π	圆周率	r	中间商收集半径
η	生物质密度	d	中间商至发电厂的距离
C_1	单位发电成本	C_2	生物质的单位存储成本
C_3	单位面积生物质的收集成本	C_4	生物质单位运输成本

根据李娅楠（2015）的研究成果，生物质的收集量$q=\pi r^2 \eta$，收集总成本为$\dfrac{2\pi r^3 \eta C_3}{3}$。

在分散式决策情形下，中间商和发电厂都以自身利益最大化为目标，决策顺序为发电厂确定从中间商收购生物质的价格ω，中间商根据发电厂

的收购价格确定生物质的收集量q。发电厂和中间商的收益函数如下：

$$\pi_P = (P + S - C_1)qt - q\omega - qC_2 \tag{4-1}$$

$$\pi_M = q(\omega - \omega_F) - \frac{2\pi r^3 \eta C_3}{3} - qdC_4 \tag{4-2}$$

根据逆向求解法，先考虑中间商利润最大化，对式（4-2）求q的二阶偏导数，得：

$\dfrac{\partial^2 \pi_M}{\partial q^2} = -\dfrac{C_3}{2\sqrt{\pi \eta q}} < 0$ ，表明π_M为关于q的凹函数，有极大值，令

$\dfrac{\partial \pi_M}{\partial q} = 0$ 得

$$q = \frac{\pi \eta (\omega - \omega_F - dC_4)^2}{C_3^2} \tag{4-3}$$

将式（4-3）代入式（4-1），并对ω求二阶导得：

$\dfrac{\partial^2 \pi_P}{\partial \omega^2} = \dfrac{2\pi \eta}{C_3^2}\{(P + S - C_1)t - 3\omega + 2\omega_F + 2dC_4 + 2C_2\}$ ，为保证式（4-1）

有极大值，需满足条件$\dfrac{\partial^2 \pi_P}{\partial \omega^2} < 0$ ，令$\dfrac{\partial \pi_P}{\partial \omega} = 0$得发电厂对中间商得最优收购价格为：

$$\omega^* = \frac{2(P + S - C_1)t + \omega_F + dC_4 - 2C_2}{3} \tag{4-4}$$

将式（4-4）代入式（4-1）、式（4-2）、式（4-3）分别得中间商最优收集量、发电厂最大收益、中间商最大收益、供应链总收益分别为：

$$q^* = \frac{4\pi \eta \left[(P + S - C_1)t - \omega_F - dC_4 - C_2\right]^2}{9C_3^2} \tag{4-5}$$

$$\pi_P^* = \frac{4\pi \eta \left[(P + S - C_1)t - \omega_F - dC_4 - C_2\right]^3}{27C_3^2} \tag{4-6}$$

$$\pi_M^* = \frac{8\pi \eta \left[(P + S - C_1)t - \omega_F - dC_4 - C_2\right]^3}{81C_3^2} \tag{4-7}$$

$$\pi_{P+M}^{*} = \frac{20\pi\eta\left[(P+S-C_1)t - \omega_F - dC_4 - C_2\right]^3}{81C_3^2} \quad （4-8）$$

在集中式决策情形下，发电厂和中间商视为一个合作的整体，两者都以供应链整体收益最大化为目标进行决策，将式（4-1）和式（4-2）相加得供应链总收益函数为：

$$\pi_{P+M} = (P+S-C_1)qt - q\omega_F - \frac{2\pi r^3 \eta C_3}{3} - qdC_4 - qC_2 \quad （4-9）$$

由 $\frac{\partial^2 \pi_{P+M}}{\partial q^2} = -\frac{C_3}{2\sqrt{\pi\eta q}} < 0$ 知 π_{P+M} 为关于 q 的凹函数，令 $\frac{\partial \pi_{P+M}}{\partial q} = 0$ 得集中式决策下中间商的最优收集量为：

$$q^{**} = \frac{\pi\eta\left[(P+S-C_1)t - \omega_F - dC_4 - C_2\right]^2}{C_3^2} \quad （4-10）$$

将式（4-10）代入式（4-9）得集中决策下供应链最大总收益为：

$$\pi_{P+M}^{**} = \frac{\pi\eta\left[(P+S-C_1)t - \omega_F - dC_4 - C_2\right]^3}{3C_3^2} \quad （4-11）$$

由 $\pi_{P+M}^{**} > \pi_{P+M}^{*}$ 知，集中式决策下，中间商农林生物质收集量和供应链总收益总是优于分散式决策，这表明，"中间商—发电厂"供应链在分散式决策下存在双重边际效应，降低了供应链的总收益，在当前政府补贴退坡的背景下，有必要通过供应链的协调来增加双方的收益，维系该供应链的可持续发展。

二、基于"收集量激励"的收益共享协调契约

通过契约的实施促使中间商与发电厂之间加强合作，使得分散式决策达到集中式决策的效果。本节使用供应链集中式决策为基准。在分散式决策的均衡状态中，中间商的生物质收集量低于集中式决策，因此，考虑通过发电厂给予中间商激励的方式来促使中间商提供更多的生物质原料。由此提出"收集量激励"的收益共享契约：发电厂按照分散式决策下的最

优收购价格ω^*进行收购，若中间商提供的生物质量不低于集中决策下生物质最优收集量q^{**}，发电厂再给与中间商一笔固定费用K，即"收集量激励"。对于中间商而言，有3种选择，分别是收集量低于q^{**}、等于q^{**}、高于q^{**}。

收集量低于q^{**}，中间商无法拿到收集量激励费用，仅依据发电厂的收购价格决策收集量，该情况即为前文中没有协调策略的分散式决策均衡状态，中间商收益$\pi_M^{K*} = \pi_M^* = \dfrac{8\pi\eta\left[(P+S-C_1)t - \omega_F - dC_4 - C_2\right]^3}{81C_3^2}$，发电厂收益$\pi_P^{K*} = \pi_P^* = \dfrac{4\pi\eta\left[(P+S-C_1)t - \omega_F - dC_4 - C_2\right]^3}{27C_3^2}$。

收集量等于q^{**}，此时中间商收益$\pi_M^{K*} = K$，发电厂收益$\pi_P^{K*} = \dfrac{\pi\eta\left[(P+S-C_1)t - \omega_F - dC_4 - C_2\right]^3}{3C_3^2} - K$。

收集量高于q^{**}，由$\omega^* - \omega_F - \dfrac{2C_3\sqrt{q}}{3\sqrt{\pi\eta}} - dC_4 < 0$知，中间商收益$\pi_M^{K*} = q^{**}\left(\omega^* - \omega_F - \dfrac{2C_3\sqrt{q^{**}}}{3\sqrt{\pi\eta}} - dC_4\right) + K < K$。

若要中间商生物质收集量为q^{**}，则需保证此时中间商、发电厂收益均最大，通过上述分析可知，只需保证$\pi_P^{K*} = \dfrac{\pi\eta\left[(P+S-C_1)t - \omega_F - dC_4 - C_2\right]^3}{3C_3^2} - K > \pi_P^*$、$\pi_M^{K*} = K > \pi_M^*$同时成立即可，此时供应链总收益$\pi_{P+M}^{K*} = \dfrac{\pi\eta\left[(P+S-C_1)t - \omega_F - dC_4 - C_2\right]^3}{3C_3^2}$，等于集中式决策下供应链总收益$\pi_{P+M}^{**}$，实现了帕累托最优。解得收集量激励费用的取值范围：

$$K^* \in \left\{\frac{8\pi\eta\left[(P+S-C_1)t - \omega_F - dC_4 - C_2\right]^3}{81C_3^2}, \frac{5\pi\eta\left[(P+S-C_1)t - \omega_F - dC_4 - C_2\right]^3}{27C_3^2}\right\}$$

$$(4\text{-}12)$$

为验证理论研究得出结论的正确性和有效性，通过设置相关模型参数进行数值分析，参考钱玉婷（2017）中的数据，参数取值见表4-3。

表4-3　参数取值

变量 （单位）	P （元）	S （元）	t	ω_F （元/t）	d （km）	C_1 （元）	C_2 （元/t）	C_3 （元/m²）	C_4 （元/t）	η （t/m²）
取值	0.45	0.3	700	20	1	0.2	10	0.3	10	0.001

将参数取值分别代入分散式与集中式决策模型中，计算结果见表4-4。从表4-4中可以看出，在未实施协调契约时，分散式决策下中间商生物质收集量、供应链总收益均低于集中式决策。根据理论分析的结果，基于"收集量激励"的收益共享契约构建如下：发电厂以367的价格从中间商收购生物质，承诺若中间商的收集量达到867，则在购买费用之外再向中间商支付一笔固定费用作为奖励，根据式（4-12），固定费用的取值范围为（141 498，336 057），具体取值取决于发电厂和中间商的谈判能力。

表4-4　分散式决策与集中式决策模型计算结果

决策模式	收购价格 （元）	收集量	发电厂收益 （元）	中间商收益 （元）	供应链总收益 （元）
分散式（未协调）	260	1 846	212 247	141 498	353 745
集中式	–	4 153	–	–	477 555
分散式（协调）	260	4 153	477 555-K	K	477 555

第三节　补贴退坡视角下农林生物质发电供应链运作

生物质发电行业之初，国家为鼓励行业发展在税收及财政补贴等方面给予政策性支持。上网政策方面，根据《中华人民共和国可再生能源法》规定，生物质发电可优先上网，不参与调峰，下游终端客户用电量变化对生物质发电行业影响小；上网电价方面，为促进可再生能源开发利用，鼓励生物质发电产业发展，国家发展和改革委员会（以下简称"国家发改委"）于2006年印发《可再生能源发电价格和费用分摊管理试行办法》，规定生物质发电价格实行政府定价和政府指导价两种形式，其中，政府定价模式为由国务院价格主管部门分地区制定标杆电价，电价标准由各省（自治区、直辖市）2005年脱硫燃煤机组标杆上网电价加补贴电价组成，补贴电价标准为每千瓦时0.25元；通过招标确定投资人的生物质发电项目，上网电价实行政府指导价，即按中标确定的价格执行，但不得高于所在地区的标杆电价。2010年，根据国家发改委印发的《关于完善农林生物质发电价格政策的通知》，农林生物质发电项目的上网电价上调至每千瓦时0.75元。2012年，国家发改委发布《关于完善垃圾焚烧发电价格政策的通知》，规定垃圾焚烧发电项目均先按其入厂垃圾处理量折算成上网电量进行结算，每吨生活垃圾折算上网电量暂定为280kWh，并执行全国统一垃圾发电标杆电价每千瓦时0.65元，其余上网电量执行当地同类燃煤发电机组上网电价。垃圾焚烧发电上网电价高出当地脱硫燃煤机组标杆上网电价的部分实行两级分摊，其中，当地省级电网负担0.1元/kWh，电网企业由此增加的购电成本通过销售电价予以疏导；其余部分纳入全国征收的可再生能源电价附加解决。随着可再生能源行业快速发展，相关补贴资金缺口不断加大。

近年来，国家出台了一系列文件调整生物质发电行业的补贴政策。2020年9月11日，国家发改委发布的《完善生物质发电项目建设运行的实施方案》明确提出2020年生物质发电新增中央补贴资金总额度为15亿元，未纳入当年补贴规模的已并网项目将结转至翌年依序纳入。自2021年1月1日起，规划内已核准未开工、新核准的生物质发电项目全部通过竞争方式配置并确定上网电价；新纳入补贴范围的项目补贴资金由中央和地方共同承担，分地区合理确定分担比例，中央分担部分逐年调整并有序退出。2021年8月11日，国家发改委发布的《2021年生物质发电项目建设工作方案》进一步明确2021年生物质发电中央补贴总额为25亿元，其中非竞争配置项目为20亿元，竞争配置项目为5亿元，2020年9月11日（含）以后全部机组并网项目的补贴资金实行央地分担，按东部、中部、西部和东北地区合理确定不同类型项目中央支持比例，地方通过多种渠道统筹解决分担资金。此次划定的央地分担比例对于地方财政实力相对较弱的西部和东北地区，以及原材料价格相对刚性、无稳定处理费收入的农林生物质发电和沼气发电项目给予了一定政策性倾斜。央地分担补贴有助于缓解国补压力，利好已纳入补贴名录的存量项目的补贴到位，有利于改善生物质发电企业的现金流情况。对于新纳入补贴范围的项目，中央分担部分将逐年调整并有序退出。

相比于垃圾发电原料供应稳定，还可以收取垃圾处理费，农林生物质发电供应链总成本高，利润低，更加依赖于政府补贴的扶持。而2020年10月财政部、国家发改委、国家能源局联合发布《关于〈关于促进非水可再生能源发电健康发展的若干意见〉有关事项的补充通知》中关于实施补贴退坡政策的要求，进一步令农林生物质发电陷入举步维艰的境地。

一、农林生物质发电供应链模型构建与分析

为了简化模型且不失一般性，假设农林生物质在收集区域内具有广泛性、周期性且分布密度均匀，则中间商会优先收集周边的生物质，然后根据需求量逐步扩大收集距离，因此，假设收集区域呈现圆形状态，收集距离也称为收集半径。中间商对农林生物质进行收集、存储、运输并销售给发电厂，发电厂将电力销售给国家电网并获得生物质发电补贴。模型相关参数如表4-5所示。

表4-5　模型参数及含义

参数	含义	参数	含义
P	单位电价	S	发电上网单位补贴
t	发电厂电能的生物质转化系数	ω	发电厂从中间商收购生物质原料的价格
q	生物质的收集量	ω_F	农林生物质的市场价格
π	圆周率	r	中间商收集半径
η	生物质密度	d	中间商至发电厂的距离
C_1	单位发电成本	C_2	单位面积生物质的收集成本
C_3	中间商将单位生物质资源运输至发电厂的单位运输成本	C_4	中间商生物质的单位存储成本

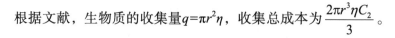

根据文献，生物质的收集量 $q=\pi r^2\eta$，收集总成本为 $\dfrac{2\pi r^3\eta C_2}{3}$。

二、农林生物质发电供应链分散式决策模型

在分散式决策情形下，中间商和发电厂都以自身利益最大化为目标，决策顺序为发电厂确定从中间商收购生物质的价格 ω，中间商根据发电厂的收购价格确定生物质的收集量 q。发电厂和中间商的收益函数如下：

$$\pi_P=(P+S-C_1)qt-q\omega \qquad (4-13)$$

$$\pi_M=q(\omega-\omega_F)-\frac{2\pi r^3\eta C_2}{3}-qdC_3-qC_4 \qquad (4-14)$$

根据逆向求解法的思路，先考虑中间商利润最大化，对式（4-14）求 q 的二阶偏导数，得：

$\dfrac{\partial^2\pi_M}{\partial q^2}=-\dfrac{C_2}{2\sqrt{\pi\eta q}}<0$，表明 π_M 为关于 q 的凹函数，有极大值，令 $\dfrac{\partial\pi_M}{\partial q}=0$ 得：

$$q=\frac{\pi\eta(\omega-\omega_F-dC_3-C_4)^2}{C_2^2} \qquad (4-15)$$

将式（4-15）代入式（4-13），并对 ω 求二阶导得：

$\dfrac{\partial^2\pi_P}{\partial\omega^2}=\dfrac{2\pi\eta}{C_2^2}\big[(P+S-C_1)t-3\omega+2\omega_F+2dC_3+2C_4\big]$，为保证式（4-13）有极大值，需满足条件 $\dfrac{\partial^2\pi_P}{\partial\omega^2}<0$，令 $\dfrac{\partial\pi_P}{\partial\omega}=0$ 得发电厂对中间商得最优收购价格为：

$$\omega^*=\frac{2(P+S-C_1)t+\omega_F+dC_3+C_4}{3} \qquad (4-16)$$

将式（4-16）代入式（4-13）、式（4-14）、式（4-15）分别得中间商最优收集量、发电厂最大收益、中间商最大收益、供应链总收益分别为：

$$q^* = \frac{4\pi\eta\big[(P+S-C_1)t - \omega_F - dC_3 - C_4\big]^2}{9C_2^2} \tag{4-17}$$

$$\pi_P^* = \frac{4\pi\eta\big[(P+S-C_1)t - \omega_F - dC_3 - C_4\big]^3}{27C_2^2} \tag{4-18}$$

$$\pi_M^* = \frac{8\pi\eta\big[(P+S-C_1)t - \omega_F - dC_3 - C_4\big]^3}{81C_2^2} \tag{4-19}$$

$$\pi_{P+M}^* = \frac{20\pi\eta\big[(P+S-C_1)t - \omega_F - dC_3 - C_4\big]^3}{81C_2^2} \tag{4-20}$$

三、农林生物质发电供应链集中式决策模型

在集中式决策情形下，发电厂和中间商视为一个合作的整体，两者都以供应链整体收益最大化为目标进行决策，将式（4-13）和式（4-14）相加得供应链总收益函数为：

$$\pi_{P+M} = (P+S-C_1)qt - q\omega_F - \frac{2\pi r^3\eta C_2}{3} - qdC_3 - qC_4 \tag{4-21}$$

由 $\dfrac{\partial^2 \pi_{P+M}}{\partial q^2} = -\dfrac{C_2}{2\sqrt{\pi\eta q}} < 0$ 知 π_{P+M} 为关于 q 的凹函数，令 $\dfrac{\partial \pi_{P+M}}{\partial q} = 0$ 得集中决策下中间商的最优收集量为：

$$q^{**} = \frac{\pi\eta\big[(P+S-C_1)t - \omega_F - dC_3 - C_4\big]^2}{C_2^2} \tag{4-22}$$

将式（4-22）代入式（4-21）得集中决策下供应链最大总收益为：

$$\pi_{P+M}^{**} = \frac{\pi\eta\big[(P+S-C_1)t - \omega_F - dC_3 - C_4\big]^3}{3C_2^2} \tag{4-23}$$

由于在集中式决策情形下，不能直接求得发电厂向中间商支付的收购价格，运用Shapley值法对该情形下的供应链整体利润进行合理分配后再加以确定。与分散式决策相比，将发电厂、中间商两个主体构成利益分

享集合，则发电厂应分配的利润为：

$$\pi_P^{**} = \frac{(1-1)!(2-1)!}{2!}(\pi_P^* - 0) + \frac{(2-1)!(2-1)!}{2!}(\pi_{P+M}^{**} - \pi_M^*)$$

$$= \frac{31\pi\eta\left[(P+S-C_1)t - \omega_F - dC_3 - C_4\right]^3}{162C_2^2} \tag{4-24}$$

中间商应分配的利润为：

$$\pi_M^{**} = \frac{(1-1)!(2-1)!}{2!}(\pi_M^* - 0) + \frac{(2-1)!(2-1)!}{2!}(\pi_{P+M}^{**} - \pi_P^*)$$

$$= \frac{23\pi\eta\left[(P+S-C_1)t - \omega_F - dC_3 - C_4\right]^3}{162C_2^2} \tag{4-25}$$

将式（4-22）代入式（4-13）并与式（4-24）相等或将式（4-22）代入式（4-14）并与式（4-25）相等得集中式决策下发电厂最优收购价格：

$$\omega^{**} = \frac{131(P+S-C_1)t + 31\omega_F + 31dC_3 + 31C_4}{162} \tag{4-26}$$

四、农林生物质发电供应链不同决策模型比较分析

对两种决策情形下发电厂、中间商各变量值进行对比分析，见表4-6所示。

表4-6　分散式和集中式决策下变量值对比

	分散式决策	集中式决策
发电厂收购价格	$\dfrac{2(P+S-C_1)t + \omega_F + dC_3 + C_4}{3}$	$\dfrac{131(P+S-C_1)t + 31\omega_F + 31dC_3 + 31C_4}{162}$
中间商收集量	$\dfrac{4\pi\eta\left[(P+S-C_1)t - \omega_F - dC_3 - C_4\right]^2}{9C_2^2}$	$\dfrac{\pi\eta\left[(P+S-C_1)t - \omega_F - dC_3 - C_4\right]^2}{C_2^2}$
发电厂收益	$\dfrac{4\pi\eta\left[(P+S-C_1)t - \omega_F - dC_3 - C_4\right]^3}{27C_2^2}$	$\dfrac{31\pi\eta\left[(P+S-C_1)t - \omega_F - dC_3 - C_4\right]^3}{162C_2^2}$

（续表）

	分散式决策	集中式决策
中间商收益	$\dfrac{8\pi\eta\left[(P+S-C_1)t-\omega_F-dC_3-C_4\right]^3}{81C_2^2}$	$\dfrac{23\pi\eta\left[(P+S-C_1)t-\omega_F-dC_3-C_4\right]^3}{162C_2^2}$
供应链总收益	$\dfrac{20\pi\eta\left[(P+S-C_1)t-\omega_F-dC_3-C_4\right]^3}{81C_2^2}$	$\dfrac{\pi\eta\left[(P+S-C_1)t-\omega_F-dC_3-C_4\right]^3}{3C_2^2}$

对比表4-6中变量取值，得出以下结论。

结论一：集中式决策下，中间商农林生物质收集量和供应链总收益总是优于分散式决策。

证明：由 $q^{**}-q^{*}=\dfrac{5\pi\eta\left[(P+S-C_1)t-\omega_F-dC_3-C_4\right]^2}{9C_2^2}>0$ 、 $\pi_{P+M}^{**}-\pi_{P+M}^{*}=$

$\dfrac{7\pi\eta\left[(P+S-C_1)t-\omega_F-dC_3-C_4\right]^3}{81C_2^2}>0$ 可证。

结论一表明，由发电厂和中间商构成的二级供应链，在分散式决策下存在双重边际效应，使得供应链总收益低于集中决策；中间商农林生物质收集量也低于集中决策，客观上加重了发电厂原料不足的困境，也使得农林生物质未得到充分的资源化利用。

结论二：集中式决策下，通过Shapley值法可以对发电厂、中间商构成的二级供应链进行协调。

证明：由 $\pi_P^{**}-\pi_P^{*}=\dfrac{7\pi\eta\left[(P+S-C_1)t-\omega_F-dC_3-C_4\right]^3}{162C_2^2}>0$ ， $\pi_M^{**}-\pi_M^{*}=$

$\dfrac{7\pi\eta\left[(P+S-C_1)t-\omega_F-dC_3-C_4\right]^3}{162C_2^2}>0$ 可证。

结论二表明，通过Shapley值法，可以对集中式决策下发电厂、中间商的收益根据贡献度进行合理分配，由于双方收益均高于分散式决策，从而使得供应链协调。

结论三：在其他参数取值不变的情况下，无论是集中式还是分散式决策，中间商收集量、发电厂收购价格、发电厂收益、中间商收益、供应链总收益均随着补贴降低、生物质市场价格升高而降低。

证明：由表1各表达式分别对S、ω求导可证。

结论三表明，随着补贴的降低、生物质市场价格升高，无论是集中式决策还是分散式决策，发电厂、中间商收益、农林生物质收集量均降低，但集中式决策下降低速率更快，使得双重边际效应减弱。

五、农林生物质发电供应链数值算例

基于两种决策模型，本书参考文献资料，参数取值及计算结果见表4-7、表4-8。

表4-7　参数取值

变量 （单位）	P （元）	S （元）	t	ω_F （元/t）	d （km）	C_1 （元）	C_2 （元/m²）	C_3 （元/t）	C_4 （元/t）	η （t/m²）
取值	0.45	0.3	700	20	1	0.2	0.3	10	10	0.001

表4-8　初始值下两种决策模型计算结果

决策模式	收购价格 （元）	收集量	发电厂收益 （元）	中间商收益 （元）	供应链总收益 （元）
分散式	270	1 846	212 247	141 498	353 745
集中式	319	4 153	274 152	203 403	477 555

从表4-8可知，集中式决策下中间商生物质收集量、供应链总收益均优于分散式决策，通过Shapley值法可以发电厂、中间商均获得合理的收益，从而使供应链协调。从表4-6理论推导的结果可以看出，两种决策方式下供应链总收益受到多个参数的影响，为了识别出关键影响因素，有必要进行灵敏度分析，由于发电转换系数t、发电成本C_1、收集成本C_2等参数取值主要取决于技术水平等外生因素，本书不予讨论，分析结果见表4-9。

表4-9　参数灵敏度分析结果

决策模式	补贴S	生物质密度η	市场价格ω_F	距离d
分散式	17.2%	10.0%	1.7%	0.9%
集中式	17.2%	10.0%	1.7%	0.9%

灵敏度分析表明，无论是集中式还是分散式决策，补贴标准和生物质密度都是影响供应链总收益的重要因素，下面进行具体分析。

由表4-10、表4-11可以看出，当其他参数取值不变，政府补贴标准、生物质密度降低，均会导致中间商生物质收集量、发电厂收益、中间商收益、供应链总收益的持续降低，使得农林生物质发电供应链的发展遇到阻碍。但是值得注意的是，补贴标准为0.27元下的集中式决策下的收集量、发电厂收益、中间商收益、供应链总收益仍高于补贴标准为0.3元下的分散式；生物质密度为0.000 9t/m²下的集中式决策的收集量、发电厂收益、中间商收益、供应链总收益也高于生物质密度为0.001t/m²下的分散式决策，这表明，农林生物质发电供应链可以通过集中式决策在一定程度上减弱政府补贴标准、生物质密度降低带来的负面影响。

表4-10 调低补贴标准下两种决策模型计算结果

参数调控	决策模式	收购价格（元）	收集量	发电厂收益（元）	中间商收益（元）	供应链总收益（元）
$S=0.3$	分散式	270	1 846	212 247	141 498	353 745
$S=0.27$	分散式	256	1 628	175 800	117 200	293 000
$S=0.3$	集中式	319	4 153	274 152	203 403	477 555
$S=0.27$	集中式	302	3 662	227 075	168 475	395 550

表4-11 生物质密度降低下两种决策模型计算结果

参数调控	决策模式	收购价格（元）	收集量	发电厂收益（元）	中间商收益（元）	供应链总收益（元）
$\eta=0.001$	分散式	270	1 846	212 247	141 498	353 745
$\eta=0.000\ 9$	分散式	270	1 661	191 022	127 348	318 370
$\eta=0.001$	集中式	319	4 153	274 152	203 403	477 555
$\eta=0.000\ 9$	集中式	319	3 737	246 737	183 063	429 800

本章小结

　　针对发电厂和中间商构成的农林生物质发电供应链，研究如何加强上下游的协调运作来提升供应链收益。运用动态博弈方法，对生物质发电供应链决策进行研究。通过对比分散式决策与集中式决策下的模型解验证双重边际效应的存在，并提出基于中间商收集量激励的发电厂收益共享契约。该契约可以实现农林生物质发电供应链的帕累托最优，达到集中式决策的效果。

　　针对农林生物质发电盈利能力弱、运营不理想的问题，构建发电厂和中间商构成的农林生物质发电供应链序贯博弈模型，求解了分散式决策与集中式决策下的变量值，研究表明，①集中式决策下，中间商农林生物质收集量和供应链总收益总是优于分散式决策，通过Shapley值法可以对该二级供应链进行协调；②政府补贴、生物质密度是供应链的关键影响因素，补贴退坡、生物质密度降低对农林生物质发电供应链产生负面影响，但可以通过供应链协调在一定程度上减弱。

第五章　农业废弃物资源化利用产业链稳定性

5

　　第三章、第四章针对养殖废弃物资源化利用和农林废弃物生物质发电的特征及特有的问题分别进行了建模分析，为引导农业废弃物资源化利用产业链的发展提供了理论参考。从长期来看，如何维持该产业链的稳定运营，也具有非常重要的现实与研究意义。与工业等其他行业相比，农业废弃物资源化利用，尤其是养殖废弃物和秸秆的资源化利用，易受天气变化、季节交替等自然因素影响，是其显著的特征，这些不可抗拒因素必然会对农业废弃物资源化利用产业链的运营稳定性产生影响。因此，本章针对如何提升农业废弃物资源化利用产业链稳定性进行研究。

第一节　天气影响下秸秆资源化利用供应链稳定性

一、秸秆资源化利用现状

　　秸秆是农业生产的主要副产品，也是自然界中数量极大且具有多种用途的可再生生物质资源。农作物秸秆在传统农业中起到了重要的作用，其本身就是一种农业发展的要素与农民的生活资料。我国自古以来就是农业生产大国，因此我国也是秸秆产量大国。国家发展改革委、农业部对全国"十二五"期间秸秆综合利用情况的终期评估结果显示，我国每年农作物秸秆理论资源量超过10×10^8t，其中可收集资源量约为9×10^8t，为世界第一秸秆产量大国，占全球秸秆总产量的18.50%左右。从秸秆的构成来说，稻谷、小麦、玉米3种主要农作物所产生的作物秸秆总量所占比例较大，三者所占比例之和达到了80%左右，见表5-1。

表5-1　2014—2018年均主要农作物秸秆产量　　（单位：10⁴t）

种类	年份				
	2014	2015	2016	2017	2018
稻谷	20 332	20 960	20 577	21 214	20 476
小麦	13 217	12 832	13 661	13 263	13 726
玉米	34 217	24 976	36 303	26 499	36 114
谷子	297	197	320	211	351
高粱	359	249	317	220	321
其他谷类	615	384	654	408	659
豆类	2 675	1 564	2 586	1 512	2 822
薯类	1 707	2 798	1 664	2 729	1 663
棉花	1 889	629	1 772	590	1 602
油料作物	5 125	3 371	5 153	3 390	5 168
糖料	3 022	12 088	2 803	11 215	2 794
合计	83 455	80 048	85 810	81 251	85 696

资料来源：中华人民共和国统计局及文献数据。

作为一种资源，农作物秸秆含有丰富的营养和可利用的化学成分（表5-2），可用作肥料、饲料、生活燃料及工副业生产的原料等。

表5-2　农作物秸秆化学成分　　（%）

种类	化学成分					
	水分	粗蛋白	粗脂肪	粗纤维	无氮浸出物	粗灰分
玉米秸秆	11.2	3.5	0.8	33.4	42.7	8.4
小麦秸秆	10.0	3.1	1.3	32.6	43.9	9.1
大麦秸秆	12.9	6.4	1.6	33.4	37.8	7.9
稻草	13.4	1.8	1.5	28.0	42.9	12.4
高粱秸秆	10.2	3.2	0.5	33.0	48.5	4.6
黄豆秸秆	14.1	9.2	1.7	36.4	34.2	4.4
棉花秸秆	12.6	4.9	0.7	41.4	36.6	3.8

　　从传统应用价值方面来看，农作物秸秆能够保护土壤免受侵蚀，同时还能够起到改善土壤结构的作用。除此之外，农作物秸秆还能够为农村养殖动物提供必要的饲料资源，体现出了多重应用价值。2021年作为"十四五"开局之年，我国全面开展秸秆综合利用行动。农业农村部提出要聚焦北方地区清洁取暖，加快秸秆生物质能开发利用，促进秸秆高质量还田，构建秸秆零碳排放模式，全面实现乡村振兴，提升秸秆利用产业化水平。但随着农业技术的不断发展，农产品产量的逐年递增，秸秆还田的弊端也越来越凸显，秸秆从传统的有机肥资源成了农业废弃物。

　　秸秆的不当处置还带来一个由来已久的问题——秸秆焚烧。秸秆焚烧给人们的生活和经济的正常运行带来了严重的困扰，已经成为社会的一大顽疾。针对各地频频发生的秸秆焚烧现象，政府出台禁烧措施，但收效甚微。究其原因，一方面，秸秆焚烧现象和我国农村地区能源选择变化有明显的关系，以前农村地区收入水平普遍较低，农户家庭生活用能以秸秆等生物质能源为主，改革开放以后，尤其到了20世纪90年代，随着市场经济的推进和农村居民收入的提高，农村居民在家庭生活用能方面有了更多的选择，由于商品性能源具有更高的热效率、更健康、更便捷，商品性能源正在逐步取代传统生物质能源而成为家庭生活用能的主角，这样大量的秸秆从农村家庭用能中溢出；另一方面，农户在进行农作物秸秆处理的时候，由于秸秆出路不畅，一般都会选择进行焚烧，大量的秸秆被焚烧、弃置，导致生态环境遭到破坏，也造成了秸秆资源的巨大浪费。因此，为解决能源危机、减轻环境污染、保护生态环境，开发利用农作物秸秆尤为重要，购置秸秆机械、开发实用技术，推动秸秆综合利用工作，提高综合利用率，力促农村节能减排、农业增效、农民增收。

　　2008年，国务院办公厅印发《关于加快推进农作物秸秆综合利用的意见》以来，各地区、各部门积极采取有效措施，农作物秸秆（以下简称秸秆）综合利用和禁止露天焚烧（以下简称禁烧）工作取得了积极进展，综合利用水平有所提高，露天焚烧火点数明显减少。2015年11月16日，国家发展改革委联合四部委印发《关于进一步加快推进农作物秸秆综合利用和禁烧工作的通知》，要求完善秸秆收储体系，进一步推进秸秆肥料化、饲料化、燃料化、基料化和原料化利用，加快推进秸秆综合利用产业化，加大秸秆禁烧力度，进一步落实地方政府职责，不断提高禁烧监管水平，促进农民增收、环境改善和农业可持续发展，力争到2020年，全国秸秆综合利用率达到85%以上；秸秆焚烧火点数或过火面积较2016年下降5%，在人口集中区域、机场周边和交通干线沿线以及地方政府划定的区域内，基本消除露天焚烧秸秆现象。2016年以来，农业部会同财政部在12省（区）开展了秸秆综合利用试点。2017年，全国秸秆综合利用率超82%，基本形成以肥料化利用为主，饲料化、燃料化稳步推进，基料化、原料化为辅的综合利用格局。2021年3月，国家发展改革委、住房和城乡建设部、科技部等10部门联合印发《关于"十四五"大宗固体废弃物综合利用的指导意见》中指出，大力推进秸秆综合利用，推动秸秆综合利用产业提质增效。坚持农用优先，持续推进秸秆肥料化、饲料化和基料化利用；扩大秸秆清洁能源利用规模，鼓励利用秸秆等生物质能供热供气供暖，优化农村用能结构，推进生物质天然气在工业领域应用，不断拓宽秸秆原料化利用途径，鼓励利用秸秆生产环保板材、碳基产品、聚乳酸、纸浆等，推动秸秆资源转化为高附加值的绿色产品。2021年2月21日，中央一号文件《中共中央国务院关于全面推进乡村振兴加快农业农村现代化的意见》中指出，全面实施秸秆综合利用和农膜、农药包装物回收行动，加强可降解农膜研发推广。

二、秸秆资源化利用博弈模型构建与分析

本节的研究对象是"收集人+制造商"构成的二级供应链：收集人负责秸秆的收集，达标处理后销售给制造商，制造商以生产并销售秸秆再制造产品盈利。政府为了加强秸秆的资源化利用，对收集人实施秸秆收集补贴，对制造商实施再制造产品价格补贴。为了简化模型且不失一般性，假设秸秆在收集区域内具有广泛性、周期性且分布密度均匀，则中间商会优先收集周边的秸秆，然后根据需求量逐步扩大收集距离，因此，秸秆收购总成本应是收集量的边际成本递增函数。模型相关参数如表5-3所示。

表5-3 参数设定及含义

参数	含义	参数	含义
P	秸秆再制造产品市场价格	q	秸秆的收集量

（续表）

参数	含义	参数	含义
t	秸秆转化为再制造产品系数	ω	制造商秸秆收购价格
η	秸秆收集成本系数	e	消费者绿色偏好带来的销售量
a	再制造产品潜在市场需求	b	再制造产品价格弹性系数
L_M	制造商秸秆收购标准	L	秸秆自然属性所决定的标准
λ	天气影响因子，$\lambda \leqslant 1$，λ越大表明天气影响程度越小	C_t	收集人秸秆处理单位成本，主要包括去水、去杂质等环节
C_M	制造商单位产品再制造成本	C_C	收集人单位秸秆处理成本
S_M	政府对制造商单位产品补贴	S_C	政府对制造商单位秸秆收集补贴

在分散式决策下，收集人和制造商都以自身利益最大化为目标，决策顺序为：制造商先决策从收集人收购秸秆的价格ω，收集人后决策秸秆收集量q。制造商和收集人的收益函数分别如下：

$$\pi_M = (P - C_M + S_M)qt - q\omega \tag{5-1}$$

$$\pi_C = qS_C + q\omega - \frac{\eta q^2}{2} - (L_M - \lambda L_C)C_t q \tag{5-2}$$

由于本书重点研究秸秆资源化利用供应链运作问题，与市场内具有相似功能的普通产品的竞争是涉及链与链之间的竞争，非本书研究的重点，因此本书对秸秆再制造产品的需求函数的设定中，不考虑其他普通产品的影响，采用的需求函数表达式为：

$$qt = a - bP + e \tag{5-3}$$

根据逆向求解法，先考虑收集人利润最大化，式（5-2）对q求二阶偏导数，得$\frac{\partial^2 \pi_C}{\partial q^2} = -\eta < 0$，表明$\pi_C$为关于$q$的凹函数，有极大值，令$\frac{\partial \pi_C}{\partial q} = 0$得：

$$q = \frac{S_C + \omega - (L_M - \lambda L_C)C_t}{\eta} \tag{5-4}$$

将式（5-3）、式（5-4）代入式（5-1），并对 ω 求二阶导得 $\dfrac{\partial^2 \pi_M}{\partial \omega^2} = -(\dfrac{2t^2}{b\eta^2} + \dfrac{2}{\eta}) < 0$，表明 π_M 为关于 q 的凹函数，有极大值，令 $\dfrac{\partial \pi_M}{\partial \omega} = 0$ 得制造商对收集人的秸秆最优收购价格为：

$$\omega^* = \frac{\eta bt(\dfrac{a+e}{b} - C_M + S_M) - (2t^2 + \eta b)\left[S_C - (L_M - \lambda L_C)C_t\right]}{2t^2 + 2\eta b} \tag{5-5}$$

将式（5-5）代入式（5-1）至式（5-4），分别得收集人收集量、制造商收益、收集人收益如下：

$$q^* = \frac{b\left[(\dfrac{a+e}{b} - C_M + S_M)t + S_C - (L_M - \lambda L_C)C_t\right]}{2t^2 + 2\eta b} \tag{5-6}$$

$$P^* = \frac{(\dfrac{a+e}{b})(t^2 + 2\eta b) + (C_M - S_M)t^2 - \left[S_C - (L_M - \lambda L_C)C_t\right]t}{2t^2 + 2\eta b} \tag{5-7}$$

$$\pi_M^* = \frac{b\left[(\dfrac{a+e}{b} - C_M + S_M)t + S_C - (L_M - \lambda L_C)C_t\right]^2}{4(t^2 + \eta b)} \tag{5-8}$$

$$\pi_C^* = \frac{\eta b^2\left[(\dfrac{a+e}{b} - C_M + S_M)t + S_C - (L_M - \lambda L_C)C_t\right]^2}{8(t^2 + \eta b)^2} \tag{5-9}$$

根据式（5-6）至式（5-9）得以下结论。

结论一：秸秆收购价格、再制品价格与制造商收购标准正相关；收集量、收集人收益、制造商收益与收购标准负相关。

证明：由 $\dfrac{\partial \omega^*}{\partial L_m} > 0$、$\dfrac{\partial q^*}{\partial L_m} < 0$、$\dfrac{\partial P^*}{\partial L_m} > 0$、$\dfrac{\partial \pi_M^*}{\partial L_M} < 0$、$\dfrac{\partial \pi_C^*}{\partial L_M} < 0$ 可证。

制造商的秸秆收购标准，对自身及收集人都有重要的影响。秸秆收购标准越高，收集人所付出的秸秆处理成本也越高，因此会抬高秸秆收购价格及再制品价格，进而导致再制品市场需求量的下降，因此秸秆收集量相应下降，制造商和收集人收益均降低。结论一表明，制造商应制定合理的秸秆收购标准，盲目提高秸秆收购标准，会让供应链整体利益受损。

结论二：秸秆收购价格、再制品价格与天气影响程度正相关；收集量、收集人收益、制造商收益与天气影响程度负相关。

证明：由 $\frac{\partial \omega^*}{\partial \lambda} < 0$、$\frac{\partial q^*}{\partial \lambda} > 0$、$\frac{\partial P^*}{\partial \lambda} < 0$、$\frac{\partial \pi_M^*}{\partial \lambda} > 0$、$\frac{\partial \pi_C^*}{\partial \lambda} > 0$ 可证。

天气影响因子λ越小，即天气影响程度越大，收集人收集的秸秆与制造商收购标准的差距越大，因此，收集人需要付出更多的处理成本，秸秆收集量、收集人收益、制造商收益都降低，从而造成供应链整体利润的损失。结论二表明，天气因素带来的负面影响会影响秸秆资源化利用供应链的整体绩效，受自然等不可抗拒因素影响是农业生产活动的显著特点，需要政府提供相应的政策扶持。

结论三：秸秆收购价格、再制品价格、收集量、收集人收益、制造商收益与消费者偏好正相关。

证明：由 $\frac{\partial \omega^*}{\partial e} > 0$、$\frac{\partial q^*}{\partial e} > 0$、$\frac{\partial P^*}{\partial e} > 0$、$\frac{\partial \pi_M^*}{\partial e} > 0$、$\frac{\partial \pi_C^*}{\partial e} > 0$ 可证。

消费者对再制造品偏好越高，市场需求量也越高，再制品价格也相应升高，制造商为了提供足够多的再制品，提高秸秆收购价格，鼓励收集人提供更多的秸秆，有力地促进了秸秆资源化利用供应链的良性发展。结论三表明，提高消费者对再制品偏好，是提升秸秆资源化利用供应链收益的有效途径。

结论四：该供应链存在双重边际效应，通过"收集量—收益共享"契约可使供应链协调。

证明：分散式决策下，供应链最优总收益

$$\pi_{M+C}^* = \frac{(2t^2 + 3\eta b)b\left[\left(\frac{a+e}{b} - C_M + S_M\right)t + S_C - (L_M - \lambda L_C)C_t\right]^2}{8(t^2 + \eta b)^2}$$。在集中式决策下，

供应链总收益为 $\pi_{M+C}^d = (P - C_M + S_M)qt + qS_C - \frac{\eta q^2}{2} - (L_M - \lambda L_C)C_t q$，由 $\frac{\partial^2 \pi_{M+C}^d}{\partial q^2} = -\left(\frac{2t^2}{b} + \eta\right) < 0$ 知，π_{M+C}^d 为关于q的凹函数，有极大值，令 $\frac{\partial \pi_{M+C}^d}{\partial q} = 0$ 可知，

$$q^{*d} = \frac{b\left[\left(\dfrac{a+e}{b} - C_M + S_M\right)t + S_C - (L_M - \lambda L_C)C_t\right]}{2t^2 + \eta b}$$，进而得集中式决策下供应

链最优总收益为 $\pi_{M+C}^{*d} = \dfrac{b\left[\left(\dfrac{a+e}{b} - C_M + S_M\right)t + S_C - (L_M - \lambda L_C)C_t\right]^2}{4t^2 + 2\eta b}$。由 $\pi_{M+C}^{*d} -$

$$\pi_{M+C}^{*} = \frac{\eta^2 b^2\left[\left(\dfrac{a+e}{b} - C_M + S_M\right)t + S_C - (L_M - \lambda L_C)C_t\right]^2}{8(2t^2 + \eta b)(t^2 + \eta b)^2} > 0$$ 知，该秸秆资源化

利用供应链中存在双重边际效应。在分散式决策的均衡状态中，收集人的秸秆收集量低于集中式决策，可以通过制造商给予收集人激励的方式来促使其收集更多的秸秆。由此提出"收集量—收益共享"契约：收集人承诺提供集中式决策下秸秆最优收集量，制造商承诺支付收集人相应费用 K，若收集人未提供承诺的秸秆数量，该契约失效，即退回分散式决策情形。

该契约若成立，应满足双方满意的激励相容约束：$\begin{cases} \pi_{M+C}^{*d} - K > \pi_M^* \\ K > \pi_C^* \end{cases}$，解得

$$K \in \left\{ \frac{\eta b^2\left[\left(\dfrac{a+e}{b} - C_M + S_M\right)t + S_C - (L_M - \lambda L_C)C_t\right]^2}{8(t^2 + \eta b)^2}, \frac{\eta b^2\left[\left(\dfrac{a+e}{b} - C_M + S_M\right)t + S_C - (L_M - \lambda L_C)C_t\right]^2}{4(2t^2 + \eta b)(t^2 + \eta b)} \right\}$$

第二节　季节交替下养殖废弃物资源化利用稳定性

与秸秆资源化利用易受天气变化影响不同，受季节影响是规模养殖生产活动的显著特征，由此造成了养殖废弃物资源化利用存在一定的独特性，有必要研究季节交替对养殖废弃物资源化利用的影响机理，为全面推进农村环境资源化利用提供政策设计依据。农业废弃物资源化利用主要有三方参与，第一方是政府，其需要向社会提供绿色的生态环境，第二方是农业生产者，其生产行为产生了大量的废弃物，第三方是专业化的废弃物资源化服务公司。农业废弃物资源化利用的稳定运营依赖于各参与方的持续参与，本节中农业废弃物资源化利用"稳定性"指的是"各参与主体合

作的持续性"。当前针对养殖废弃物资源化利用稳定性的研究集中于3个方面。

一是对资源化利用企业的激励和约束对稳定性的影响。在激励方面，学者较多考虑如何进行政府补贴。王翠霞运用系统动力学方法，研究了政府补贴对罗坊农业废弃物集中治理大型沼气工程可持续运营的影响，认为应提升补贴标准。Zheng认为中国政府对大中型沼气工程补贴应以产品为基础而非建设投入补贴，制定补贴方案和模式应更具有针对性和科学性。Federica和Jean计算了沼气发电厂所需的政府补贴水平。Wang认为政府需要根据沼气集中生产（CBP）项目在能值投入产出、环境负荷、经济价值等方面的优劣，提供相应的支持。资源化利用企业并非越大规模越好，Luo研究表明，在中国分散的农业结构中，小型沼气厂目前为综合利用沼气提供了一个合适的系统，因此要因地制宜地发展养殖污染资源化利用，并加强相关制度政策前瞻性研究。在约束方面，针对资源化利用企业存在的道德风险，郭志达基于委托代理理论视角，研究了农业废弃物资源化利用的机制设计问题。

二是资源化利用产业链对稳定性的影响。由于单纯的农业废弃物资源化利用不能带来较理想的收益，因此还要通过全产业链循环来提升农业废弃物资源化利用成果的附加值，例如华北平原部分县区政府通过引导和宣传，提高农村居民对"煤改气"的"使用意愿""购买意愿"，增加大中型沼气集中生产（CBP）项目的收益。王火根认为要整合农业废弃物资源化利用上下游的产业资源，打造沼气产业的"循环经济产业链"，使沼气工程的投资价值实现最大化。

三是农业生产者行为对稳定性的影响。郑黄山应用logistic回归模型分析影响南平养猪污染资源化利用支付行为的关键因素，发现"污染者付费原则"在农村养殖污染资源化利用中难以执行，养猪户缴费比例较低，严重影响了资源化利用的正常运转。赵俊伟运用Heckman两阶段模型分析生猪规模养殖户对粪污处理社会化服务的支付意愿与支付水平及其影响因素，结果表明，文化程度、猪场与粪污消纳地距离、养殖收益、对资源化利用的预期与支付意愿、支付水平显著正相关。

受季节影响是规模养殖生产活动的显著特征，从当前文献来看，学者对养殖废弃物资源化利用稳定性的研究中，缺少对季节交替这一因素的考量，因此也缺乏针对季节变化提出的政策建议，基于此，本节考虑季节交替这一客观规律。在研究方法上，运用演化博弈理论，通过分析养殖场和资源化利用企业多次交互作用下的策略选择，来刻画"各参与主体合作的持续性"的变化规律，为农业废弃物资源化利用稳定性的提升提供理论依据。

一、演化博弈模型构建及分析

假定养殖场群体和资源化利用企业群体具有一定的理性，均可以选择参与或不参与废弃物资源化利用。为便于表述，对参数做出如下设定。

养殖场产生的废弃物中含 q 单位的有机质（有机质是秸秆、畜禽粪污中可资源化再利用的主要成分），由生产规模决定；在进行农业生产时，产生有机质同时还会产生其他非有机质物质，例如在进行生猪养殖时，产生猪粪尿等有机质的同时，还会消耗一定量的水用于清洗猪圈，假设非有机质产量与有机质产量比例关系为 λ，则农业生产废弃物总量为 $Q=q(1+\lambda)$。

当养殖场不参与废弃物资源化利用时，合规处理废弃物途径是在配套的种植业内消纳废弃物，即"种养结合"，设有机质处理量为 n。在配套的种植业规模不变的情况下，季节变化通过影响作物生长周期进而影响废弃物有机质合规处理量，例如作物在夏季生长旺盛，在冬季生长缓慢，因此夏季农业废弃物消纳量较大，冬季农业废弃物消纳量较低，这也是我国农业夏季水土污染减轻、冬季水土污染加重的主要原因。设养殖场合规处理废弃物有机质需付出单位成本 C_1，例如人工成本、设备维护成本等。

当配套的种植业无法完全消纳废弃物时，由于农业面源污染具有分散性、不确定性及时空分布的异质性特征，使得养殖场极易产生机会主义污染行为，例如养殖场偷排等违规处理废弃物的行为，导致废弃物二次污染，造成下游农户作物烧苗减产，被发现后不仅需赔偿农户经济损失，还需承担一定的行政罚款，设养殖场违规处理废弃物的单位成本为 C_2。

废弃物单位运输成本为 t，该费用由资源化利用企业支付；资源化利用企业生产废弃物再制造产品的单位成本为 d。

设资源化利用企业从养殖场购买废弃物的价格为 a（$a<0$ 则表示养殖

场委托资源化利用企业处理废弃物所支付的费用）。

一单位废弃物再制造产品市场价格为P，政府单位补贴为S；若养殖场要加入到资源化利用需付出参与成本F_1，例如信息搜寻成本、缔约成本、监督履约成本等，同理，若资源化利用企业加入需付出参与成本F_2。

结合上述假设和设定，养殖场、资源化利用企业两方博弈支付矩阵可表示如表5-4所示。

表5-4　养殖场、资源化利用企业支付矩阵

养殖场	资源化利用企业	
	参与	不参与
参与	$-F_1+Qa$；$q[P+S-d]-Q(t+a)-F_2$	$-nC_1(q-n)C_2-F_1$；0
不参与	$-nC_1-(q-n)C_2$；$-F_2$	$-nC_1(q-n)C_2$；0

假设养殖场群体中采取参与策略的比例为P_1，则采取不参与策略的比例为$1-P_1$；资源化利用企业群体中采取参与策略的比例为P_2，则采取不参与策略的比例为$1-P_2$。$0 \leq P_1$，$P_2 \leq 1$。

养殖场群体采取参与策略的收益为

$$E_{11} = -F_1 - (1-P_2)[nC_1 + (q-n)C_2] + QaP_2 \qquad (5-10)$$

养殖场群体采取不参与策略的收益为

$$E_{12} = -[nC_1 + (q-n)C_2] \qquad (5-11)$$

则养殖场群体的平均收益为

$$E_1 = P_1 E_{11} + (1-P_1)E_{12} \qquad (5-12)$$

资源化利用企业群体采取参与策略的收益为

$$E_{21} = P_1[q(P+S-d)-Q(t+a)]-F_2 \qquad (5-13)$$

资源化利用企业群体采取不参与策略的收益为

$$E_{22} = 0 \qquad (5\text{-}14)$$

则资源化利用企业群体的平均收益为

$$E_2 = P_2 E_{21} \qquad (5\text{-}15)$$

进而可得养殖场、资源化利用企业博弈的复制动态方程为

$$\begin{cases} \dfrac{dP_1}{dt} = P_1\left(E_{11} - E_1\right) = P_1(1-P_1)\left\{P_2\left[nC_1 + (q-n)C_2 + Qa\right] - F_1\right\} \\ \dfrac{dP_2}{dt} = P_2\left(E_{21} - E_2\right) = P_2(1-P_2)\left\{P_1\left[q(P+S-d) - Q(t+a)\right] - F_2\right\} \end{cases} \qquad (5\text{-}16)$$

则式（5-16）的雅可比矩阵为

$$J = \begin{pmatrix} (1-2P_1)\left\{P_2\left[nC_1 + (q-n)C_2 + Qa\right] - F_1\right\} & P_1(1-P_1)\left[nC_1 + (q-n)C_2 + Qa\right] \\ P_2(1-P_2)\left[q(P+S-d) - Q(t+a)\right] & (1-2P_2)\left\{P_1\left[q(P+S-d) - Q(t+a)\right] - F_2\right\} \end{pmatrix}$$

式（5-16）具有4个纯策略均衡点（0，0），（0，1），（1，0），

（1，1）及1个混合策略均衡点$\left(P_1^*, P_2^*\right)$，其中$P_1^* = \dfrac{F_2}{q(P+S-d) - Q(t+a)}$，

$P_2^* = \dfrac{F_1}{nC_1 + (q-n)C_2 + Qa}$。对5个均衡点处雅可比矩阵分析如表5-5所示。

表5-5　均衡点稳定性分析

均衡点	detJ	trJ
（0，0）	$F_1 F_2$	$-(F_1 + F_2)$
（0，1）	$\left[nC_1 + (q-n)C_2 + Qa - F_1\right]F_2$	$nC_1 + (q-n)C_2 + Qa - F_1 + F_2$
（1，0）	$\left[q(P+S-d) - Q(t+a) - F_2\right]F_1$	$\left[q(P+S-d) - Q(t+a) - F_2\right] + F_1$
（1，1）	$\left[nC_1 + (q-n)C_2 + Qa - F_1\right]$ $\left[q(P+S-d) - Q(t+a) - F_2\right]$	$-\left[nC_1 + (q-n)C_2 + Qa - F_1\right]$ $\left[q(P+S-d) - Q(t+a) - F_2\right]$
$\left(P_1^*, P_2^*\right)$	$-P_1^*\left(1-P_1^*\right)\left[nC_1 + (q-n)C_2 + Qa\right]$ $P_2^*\left(1-P_2^*\right)\left[q(P+S-d) - Q(t+a)\right]$	0

根据Friedman提出的稳定性判别方法，由于$F_1F_2>0$且$-(F_1+F_2)<0$，故均衡点（0，0）是演化稳定策略；由于$F_2>0$，对于任意的$[nC_1+(q-n)C_2+Qa-F_1]$，都无法使得$[nC_1+(q-n)C_2+Qa-F_1]F_2>0$与$nC_1+(q-n)C_2+Qa-F_1+F_2<0$同时成立，故均衡点（0，1）不可能为演化稳定策略；同理，均衡点（1，0）不可能为演化稳定策略；由于$trJ=0$，故均衡点$\left(P_1^*, P_2^*\right)$也不是演化稳定策略。当满足条件

$$\begin{cases} nC_1+(q-n)C_2+Qa-F_1>0 \\ q(P+S-d)-Q(t+a)-F_2>0 \end{cases} \qquad （5-17）$$

均衡点（1，1）为演化稳定策略。式（5-17）表明，若要养殖场和资源化利用企业达成合作，应保证"参与"均是两方的最优策略，此时式（5-16）具有两个演化稳定策略（0，0）和（1，1），即（不参与，不参与）和（参与，参与）。由两个不稳定演化策略（0，1）、（1，0）和鞍点$\left(P_1^*, P_2^*\right)$所连接而成的线段可以看成是系统收敛于不同模式的分界线，如图5-1所示。当养殖场、资源化利用企业的初始策略选择在区域①和④内时，最终将锁定于"不良"状态，即演化稳定策略（0，0）；当养殖场、资源化利用企业的初始策略选择在区域②和③内时，最终将收敛于"良好"状态，即演化稳定策略（1，1）。

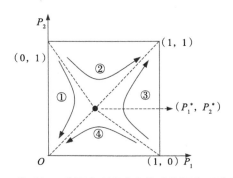

图5-1 养殖场、资源化利用企业策略选择交互动态过程

二、演化稳定策略参数分析

将$Q=q(1+\lambda)$代入P_1^*和P_2^*的表达式可得，

$$P_1^* = \frac{F_2}{q\left[(P+S-d)-(1+\lambda)(t+a)\right]} \ , \quad P_2^* = \frac{F_1}{nC_1+(q-n)C_2+q(1+\lambda)a} \ \text{。 要提}$$

升资源化利用的稳定性，可以通过调整鞍点 $\left(P_1^*, P_2^*\right)$ 的位置来增大区域②和③的总面积。由 P_1^* 和 P_2^* 的表达式可以看出，$\left(P_1^*, P_2^*\right)$ 的位置受到多个参数的影响。下面选取部分参数进行理论分析。

结论五： 增大养殖场违规处理废弃物的成本，可以促使养殖场加入资源化利用中，提升资源化利用稳定性。

由 $\dfrac{\partial P_1^*}{\partial C_2}=0$ ，$\dfrac{\partial P_2^*}{\partial C_2} = \dfrac{-F_1(q-n)}{\left[nC_1+(q-n)C_2+q(1+\lambda)a\right]^2} < 0$ 知，当养殖场违规处理废弃物成本变大时，P_1^* 不变，P_2^* 变小，鞍点 $\left(P_1^*, P_2^*\right)$ 水平向左侧移动，区域②面积不变，区域③面积变大，总面积增大，演化至（参与，参与）的可能性变大。

结论六： 降低养殖场和资源化利用企业的参与成本，有利于提升农业废弃物资源化利用稳定性。

由 $\dfrac{\partial P_1^*}{\partial F_1}=0$ ，$\dfrac{\partial P_2^*}{\partial F_2}>0$ ；$\dfrac{\partial P_1^*}{\partial F_2}>0$ ，$\dfrac{\partial P_2^*}{\partial F_2}=0$ 知，养殖场的参与成本降低时，P_1^* 不变，P_2^* 减小，鞍点 $\left(P_1^*, P_2^*\right)$ 水平向左移动，区域②面积不变，区域③面积增大，总面积增大，演化至（参与，参与）的可能性变大。同理可知，当资源化利用企业的参与成本降低时，演化至（参与，参与）的可能性变大。

结论七： 资源化利用企业向养殖场购买废弃物或是养殖场向资源化利用企业支付废弃物治理费用，价格的变动对资源化利用稳定性的影响都是随机的。

$a>0$（表示资源化利用企业向养殖场购买废弃物）时，$\dfrac{\partial P_1^*}{\partial a}>0$ ，$\dfrac{\partial P_2^*}{\partial a}<0$ ，随着资源化利用企业向养殖场购买废弃物的价格 a 的变化，P_1^* 与 P_2^* 总是逆向变化，资源化利用稳定性的变化不存在规律，而取决于参数的具体取值。

$a<0$（表示养殖场向资源化利用企业支付废弃物治理费用）时，令

$b=-a$，则 $P_1^* = \dfrac{F_2}{q[(P+S-d)-(1+\lambda)(t-b)]}$，$P_2^* = \dfrac{F_1}{nC_1+(q-n)C_2-q(1+\lambda)b}$，

由 $\dfrac{\partial P_1^*}{\partial b}<0$，$\dfrac{\partial P_2^*}{\partial b}>0$，随着养殖场向资源化利用企业支付委托处理废弃物的价格的变化，P_1^* 与 P_2^* 总是逆向变化，资源化利用稳定性的变化取决于参数的具体取值。

结论八： 若养殖场违规处理废弃物单位成本高于合规处理废弃物单位成本，在废弃物消纳量较大的季节，农业废弃物资源化利用稳定性较低，在废弃物消纳量较小的季节，农业废弃物资源化利用稳定性较高；若养殖场违规处理废弃物单位成本低于合规处理废弃物单位成本，在废弃物消纳量较大的季节，农业废弃物资源化利用稳定性较高，在废弃物消纳量较小的季节，农业废弃物资源化利用稳定性较低。

由 $\dfrac{\partial P_1^*}{\partial n}=0$，$\dfrac{\partial P_2^*}{\partial n}=\dfrac{F_1(C_2-C_1)}{[nC_1+(q-n)C_2+q(1+\lambda)a]^2}$ 知，当养殖场违规处理废弃物单位成本 C_2 小于合规处理废弃物单位成本 C_1 时，$\dfrac{\partial P_2^*}{\partial n}<0$，随着养殖场合规处理废弃物量 n 减小，P_1^* 不变，P_2^* 增大，鞍点 (P_1^*,P_2^*) 水平向右侧移动，区域②面积不变，区域③面积减小，总面积减小，演化至（参与，参与）的可能性降低；当养殖场违规处理废弃物单位成本 C_2 大于合规处理废弃物单位成本 C_1 时，$\dfrac{\partial P_2^*}{\partial n}>0$，随着养殖场合规处理废弃物量 n 减小时，P_1^* 不变，P_2^* 减小，鞍点 (P_1^*,P_2^*) 水平向左侧移动，区域②面积不变，区域③面积增大，总面积增大，演化至（参与，参与）的可能性变大。

三、规模养殖废弃物资源化利用案例分析

生猪养殖废弃物主要为猪粪尿，具备一定的污染性。养殖场消纳生猪养殖废弃物主要是采取"沼气工程发酵+种养结合"模式，但该模式在实际操作中存在多个不足之处，导致大量废弃物未得到良好的处理，废弃物外排造成了严重的农业污染，因此，生猪养殖一直是环保部门的重点管控对象；与此同时，废弃物可用于发电，还富含氮、磷等营养物质，是制作生物质有机肥的原料资源。当前，生猪养殖场已是农业废弃物资源化利

用的重要参与者。

案例1：正合公司被约谈案例分析

江西正合环保工程有限公司（简称正合公司）2013年在江西省新余市渝水区开始探索整县推进第三方集中资源化利用模式，全量化收集处理上游"N"家养殖企业产生的粪污及病死猪，连动下游"N"家种植园区。近年来该资源化利用在发展中暴露出了一些问题。2018年新余市环保局就畜禽粪污收集存在的问题约谈了该公司负责人，并提出几点要求。

要求一：每月向当地环保部门报送畜禽粪便收集处置月报表，并明确每个养殖场应收纳粪便数和实际收纳数量。

正合公司每月向地方环保部门报送畜禽粪便收集处置月报表，一方面可以监督正合公司是否做到了全量化收集猪粪污，另一方面，通过对养殖场应收纳粪便数和实际收纳数量的比对可以初步判断养殖场是否存在违规处理粪污的可能性，进而决定是否对养殖场进行检查，及时检查可以更好地将养殖场违规处理废弃物行为的负外部性内部化，提升了养殖场违规处理废弃物的成本，进一步完善了监管体系。由结论五可知，该要求有利于正合公司资源化利用的稳定性。值得注意的是，为了防范可能出现的正合公司利用信息优势产生道德风险的问题，在地方政府的后续管理工作中，还有必要进行"令正合公司如实上报养殖场应收纳粪便数和实际收纳数量"的机制设计。

要求二：严格按照设计产能与养殖户签订粪污收集清理合同，量力而行，无正当理由，不得拒收养殖场产生的粪污。

严格按照设计产能与养殖户签订粪污收集清理合同，确保正合公司能够将收集的粪污全部处理，避免出现因处理能力不足而拒收养殖户粪污的现象，无正当理由不得拒收养殖场粪污，进一步保障了合同的履约，降低了养殖场的参与成本。另外，签订合同确保了正合公司获取废弃物的渠道、数量、规格等的稳定性，降低了正合公司的参与成本，由结论六可知，该要求有利于正合公司资源化利用的稳定性。

要求三：严格按照市场价格区间设定畜禽粪污处理价格，不得随意抬价加价。

该资源化利用是养殖场委托资源化利用企业处理废弃物，因此养殖场需向正合公司支付粪污处理费用，由结论七可知，处理费用的变动对资源化利用稳定性的影响具有随机性，需根据其他参数的取值才能具体分析，因此正合公司在遵循市场规律、明确市场价格区间的基础上，结合有机肥等产品的市场价格、生产成本等因素的变化情况，设定并及时调整畜禽粪污处理价格，将资源化利用稳定性保持在较高水平。

案例2：正合公司罗坊镇大型沼气发电项目案例分析

2017年正合公司在新余市渝水区罗坊镇南英垦殖场建成罗坊镇大型沼气发电项目，申请中央投资资金3 750.00万元，地方投资750.00万元，自筹资金5 802.37万元，全量化收集处理区域内规模养猪场3万多吨粪污以及周边农田2万多吨秸秆，采用混合发酵，年产沼气超800万m³，年发电量超1 300万kWh，年产沼渣有机肥4.16万t、提纯沼液年产沼液有机肥2.71万t，沼液提纯后剩余的淡液可做稀释水循环使用。本节以罗坊镇大型沼气发电项目为例，研究季节变化对正合公司资源化利用稳定性的影响。

根据对罗坊镇大型沼气发电项目的调研，将数据列出如下：猪粪的有机质含量为20.4%，经换算可得一个季度内$q=1\ 898.73t$，$\lambda=3.90$，猪粪购买单价为65元/t，在15km经济运输范围内，运输费用约为原材料购买成本的40%；沼液有机肥市场售价约为50元/t，沼渣有机肥市场售价约为350元/t，发电上网价格为0.75元/kWh。新余市政府未对发电上网、沼渣有机肥、沼液有机肥生产项目进行补贴，因此$S=0$元；正合公司生产单位成本d包含人工费、电费、固定资产折旧费等，其中建筑物按30年进行折旧，设备按20年进行折旧；市场价格P以总收入除以q计，该工程为环保新能源项目，享受新余市税收免税政策。考虑现实情况，对其他参数进行合理的假设。设养殖场合规处理废弃物有机质的单位成本$C_1=400$元/t。罗坊镇在3—10月期间以种植水稻、果树为主，冬季种植蔬菜，根据作物的生长周期及施用有机肥节点，假设春夏秋冬四季养殖场合规处理粪污的有机质的量分别为1 000t、1 600t、800t、400t。

（1）当$C_1>C_2$，即养殖场违规处理废弃物有机质单位成本低于合规处理废弃物有机质单位成本，假设$C_2=200$元/t，随着春夏秋冬季节交替，鞍点$\left(P_1^*, P_2^*\right)$的取值分别为（0.52，0.51）、（0.52，0.46）、（0.52，0.52）、（0.52，0.56），P_1^*不变，P_2^*取值减小，则鞍点$\left(P_1^*, P_2^*\right)$与均衡

点（1，0）、（0，1）链接所成的折线的右侧区域（即图5-1中区域②和③的总面积）变大，罗坊镇大型沼气发电项目运营的稳定性提升；反之，P_1^*不变，P_2^*取值增大，罗坊镇大型沼气发电项目运营的稳定性降低。随春夏秋冬四季交替，罗坊镇大型沼气发电项目运营的稳定性呈"中—高—中—低"的变化趋势，见图5-2。

（2）当$C_1 < C_2$，即养殖场违规处理废弃物有机质单位成本高于合规处理废弃物有机质单位成本，假设$C_2 = 600$元/t，随着春夏秋冬季节交替，鞍点$\left(P_1^*, P_2^*\right)$的取值分别为（0.52，0.41）、（0.52，0.43）、（0.52，0.41）、（0.52，0.40），随春夏秋冬四季交替，罗坊镇大型沼气发电项目运营的稳定性呈"中—低—中—高"的变化趋势，如图5-3所示。

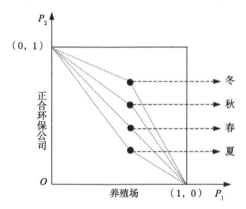

图5-2 $C_1 > C_2$时罗坊镇大型沼气发电项目运营稳定性随季节变化趋势

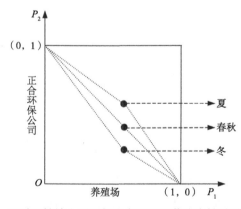

图5-3 $C_1 < C_2$时罗坊镇大型沼气发电项目运营稳定性随季节变化趋势

对比两种情况，其他参数取值不变，仅将养殖场违规处理废弃物有机质单位成本从200元/t增大到600元/t，在同一季节下，P_1^* 不变，P_2^* 减小，罗坊镇大型沼气发电项目稳定性提升，这说明增大养殖场违规处理废弃物成本可以提升罗坊镇大型沼气发电项目运营的稳定性，因此，新余市环保局还需进一步加强对养殖场违规处理废弃物的监管，对养殖场的违规行为尽早发现及时处理。此外，随着季节的交替，罗坊镇大型沼气发电项目运营的稳定性也有所波动，建议新余市环保局不仅要对养殖场进行常规监管，还要针对季节变化开展养殖场废弃物处理专项整治活动以及出台有针对性的补贴政策，改善某些季节内资源化利用稳定性较低的状况。

本章小结

受天气影响是农业生产活动的显著特征。为了探索秸秆资源化利用供应链的运作问题，构建秸秆资源化利用供应链动态博弈模型，分析了秸秆收购标准、天气变化、消费者偏好对供应链的影响，得出以下结论：制造商提高秸秆收购标准、天气的不利变化都会给秸秆资源化利用带来负面的影响；消费者对再制品的绿色偏好对秸秆资源化利用有全方位的激励作用；通过"收集量—收益共享"契约可有效避免双重边际效应，使供应链协调。

农业废弃物资源化利用是缓解农业面源污染、提升资源再利用率的重要途径，该模式的稳定运营依赖于养殖场和资源化利用企业的持续参与。受季节交替影响是规模养殖业的显著特征，本章构建季节交替下农业废弃物资源化利用演化博弈模型，分析双方参与策略选择，得到如下结论：①农业废弃物资源化利用的稳定性与养殖场违规处理废弃物成本正相关，与养殖场、资源化利用企业的参与成本负相关；②资源化利用企业向养殖场购买废弃物或是养殖场向资源化利用企业支付废弃物治理费用，价格的变动对资源化利用稳定性的影响都是随机的；③农业废弃物资源化利用稳定性受季节交替影响而存在两种周期性变化规律，但具体表现出何种变化规律取决于养殖场合规处理废弃物与违规处理废弃物成本之间的大小关系。最后以江西正合环保工程有限公司的两个农业废弃物集中处理项目为例进行案例分析。

第六章　农业废弃物资源化利用 6
补贴方案

我国作为农业生产大国，每年有大量的农业废弃物产生，农业废弃物的处理需求极大，目前，我国已相继出台多部规划和指导意见推动农业废弃物资源的高效利用，并进一步加大了政策支持以及财政支持的力度，例如，2016年10月，农业部等部委印发《关于推进农业废弃物资源化利用试点的方案》，提出了探索市场主导、政府扶持、鼓励引导企业参与农业废弃物资源化利用模式的总体思路；同年12月环境保护部等部委印发了《培育发展农业面源污染治理、农村污水垃圾处理市场主体方案》，提出了创新畜禽养殖等农业废弃物治理模式，采取养殖废弃物第三方治理、按量补贴的方式吸引市场主体参与。2015年，《国务院办公厅关于推行环境污染第三方治理的意见》指出对符合条件的第三方治理项目加大补贴或税收优惠政策力度。2017年，环保部《关于推进环境污染第三方治理的实施意见》指出要加强对环境污染第三方治理项目的政策支持和引导。与第三章、第四章、第五章的研究内容不同，本章从政府如何实施合理的财政补贴进行研究。

第一节　秸秆资源化利用补贴决策分析

一、我国秸秆资源化利用补贴现状

根据《第二次全国污染源普查公报》公布的数据显示，2017年，全国秸秆产生量为8.05亿t，秸秆可收集资源量为6.74亿t，秸秆利用量为5.85亿t。秸秆品种以水稻、小麦、玉米等粮食作物为主。目前我国农作物秸秆综合利用率为90%，其中秸秆肥料化利用率为51.2%，饲料化利用率为20.20%，燃料化利用率为13.79%，基料化利用率为2.43%，原料化利用率为2.47%。在农作物秸秆肥料化利用中，主要以直接还田为主，占比达39%左右，农作物秸秆堆肥处理占比为12%左右。为了加强秸秆的资源化利用，各省市也出台了相应的支持政策（表6-1）。

表6-1 我国部分省市农作物秸秆综合利用相关政策汇总

省、自治区、直辖市	时间	政策名称	政策内容
北京	2015年3月	《关于禁止焚烧园林绿化废弃物和加强综合利用工作的通知》	对农作物秸秆，将大力推动以饲料化、肥料化、基料化为特点的综合利用
	2015年5月	《关于推进农作物秸秆饲料化利用的通知》	目标：实现种植、养殖区域优化布局，协同发展，按照"以养定种"的要求，积极发展饲用作物、黄贮作物等，促进粮、经、饲三元种植结构协调发展
河北	2017年6月	《河北省农作物秸秆全量化综合利用推进方案》	提出扎实推进秸秆沼气、秸秆气化、秸秆成型燃料等能源利用方式的先进技术引进。引导金融资本、社会资本投向秸秆全量化综合利用，探索推进PPP模式，利用社会主体参与建设与运营
	2018年9月	《2018年农作物秸秆综合利用试点项目县（市、区）名单》	确定了安平县、临西县、临漳县等15个试点县（市、区），要求秸秆综合利用试点县（市、区）平均秸秆综合利用率达到95%以上
	2020年12月	《河北省秸秆综合利用实施方案（2021—2023年）》	实施方案要求，到2023年，全省秸秆基本实现全面综合利用，离田利用占比达到38%，能源化利用产业发展壮大，能源化利用占比达到11.75%，形成政府推动、市场驱动、主体带动的秸秆综合利用长效机制，秸秆综合利用产业化规模化水平得到大幅提升

（续表）

省、自治区、直辖市	时间	政策名称	政策内容
天津	2018年6月	《天津市2018年农作物秸秆综合利用工作方案》	2018年全市农作物秸秆综合利用率达到97%以上。其中，肥料化利用75%左右，饲料化利用10%左右，燃料化、原料化、基料化利用受市场影响较大，合计利用12%左右
吉林	2016年4月	《关于推进农作物秸秆综合利用工作的指导意见》	到2020年，全省形成布局合理、多元利用的秸秆综合利用产业化格局，建立较完善的秸秆收储运体系，秸秆综合利用水平显著提高，综合利用率达到85%，基本解决秸秆露天焚烧问题
	2018年9月	《吉林省2018年秋冬季秸秆禁烧工作方案》	秸秆禁烧区，最大限度减少秸秆火点数量，力争实现"零火点"；秸秆限烧区，确保不发生因组织不力、管控不到位而导致秸秆露天随意焚烧引发的大气污染问题
	2019年9月	《吉林省秸秆综合利用三年行动方案（2019—2021年)》	到2021年实现秸秆全量利用，年综合利用秸秆4 000万t以上。重点推进秸秆肥料化利用、加快推进秸秆饲料化利用、稳步推进秸秆能源化利用、积极推进秸秆原料化利用、有序推进秸秆基料化利用
	2020年10月	《吉林省"秸秆变肉"工程实施方案》	在全省全面推开"秸秆变肉"工程同时，力争通过2～3年努力，全省饲料化利用秸秆占秸秆总量的60%以上。2020年，全省饲料化利用秸秆934.6万t，占秸秆总量的23.3%，同比提高了5.3个百分点，居秸秆"五化"利用之首
黑龙江	2017年10月	《黑龙江省开展农作物秸秆综合利用整县推进试点工作实施方案》	重点以秸秆禁烧区为主，以及在玉米、水稻种植面积大、秸秆综合利用任务重、秸秆利用产业基础好和秸秆综合利用潜力大的县（市、区），并结合产业扶贫，开展整县推进秸秆综合利用试点

（续表）

省、自治区、直辖市	时间	政策名称	政策内容
黑龙江	2018年2月	《2018—2020年秸秆还田任务和标准》	2018年，深化"一翻两免"轮耕轮作技术模式，提出不同区域秸秆还田耕种机械化工艺路线和机具配备方案。2019年拓展"一翻两免"模式内涵，验证机械化工艺路线，形成不同区域秸秆还田耕种农机标准化技术规范。2020年检验秸秆还田耕种农机标准化技术规范，出台全省各地实施"一翻两免"轮耕轮作技术模式汇编，形成有区域特色的秸秆还田耕种农机标准化技术模式
	2020年2月	《哈尔滨市2020—2021年度秸秆综合利用工作实施方案》	方案明确将坚持"一主两辅、聚焦还田"的原则，突出秸秆还田、肥料化利用主渠道，力争直接还田利用秸秆约810万t，秸秆还田利用率达到65%以上。并明确扶持政策
	2020年9月	《2020年黑龙江省秸秆综合利用工作实施方案》	2020年全省秸秆综合利用率达到90%以上，秸秆还田率达到65%以上。要求主要秸秆利用领域任务及具体扶持政策
辽宁	2016年2月	《推进秸秆综合利用和禁烧工作的实施意见（2016—2018年）》	全省实施秸秆机械化还田面积和数量，2016年超过600万亩和150万t，2017年超过800万亩和240万t，2018年超过1 000万亩和350万t
	2017年8月	《辽宁省秸秆处理行动实施方案》和《辽宁省2017年秸秆综合利用试点工作方案》	到2020年，力争全省秸秆综合利用率超过90%，基本杜绝露天焚烧现象；培育专业从事秸秆收储运的经营主体300个以上，年收储能力达到300万t；新增年秸秆利用量10万t以上的龙头企业10个
	2017年11月	《2018年辽宁省秸秆综合利用试点县遴选》	确定法库、康平、海城、黑山等11个县（市）为秸秆综合利用试点地区

（续表）

省、自治区、直辖市	时间	政策名称	政策内容
湖南	2017年10月	《湖南省"十三五"节能减排综合工作方案》	大力推进秸秆、林业"三剩物"的资源化利用，到2020年，农作物秸秆综合利用率达到85%
湖北	2015年2月	《关于农作物秸秆露天禁烧和综合利用的决定》	到2020年，全省秸秆综合利用率力争达到95%以上，建成较为完备的秸秆收集储运体系，形成布局合理、多元利用的产业化格局
	2015年4月	《湖北省农业厅关于推进农作物秸秆综合利用的指导意见》	逐步构建以秸秆肥料化利用为主，其他利用形式为补充的多途径利用格局，实现2015年全省秸秆综合利用率达到80%、2020年达到95%的目标
河南	2017年2月	《秸秆全量化利用示范市（县）建设地区确定》	将南阳市、周口市等7个地区确定为秸秆全量化利用示范市（县）建设地区，创建期限为2016—2020年
	2018年2月	《河南省2018年大气污染防治攻坚战实施方案》	不断完善秸秆收储体系，进一步推进秸秆肥料化、饲料化、燃料化、基料化和原料化利用，加快推进秸秆综合利用产业化，到2018年底，全省秸秆综合利用率平均达到87%以上
	2018年3月	《关于做好秸秆气化清洁能源利用示范县申报准备工作的通知》	凡纳入国家秸秆气化清洁能源利用示范县的重点项目列入年度中央预算内投资生态文明建设专项，按不超过总投资的30%予以补助，秸秆气化发电上网电量由电网企业全额收购
	2020年3月	《河南省2020年中央财政支持开展农作物秸秆综合利用项目实施方案》	2020年河南省秸秆综合利用率达到90%，项目重点县秸秆综合利用率达90%以上；加大对秸秆综合利用优惠政策的落实和创设力度，努力建立起秸秆综合利用长效机制
广东	2017年3月	《广东省农业现代化"十三五规划"》	开发秸秆还田机械和装置并进行大面积示范推广，建立一批秸秆还田示范区，到2020年农作物秸秆利用率达到85%

（续表）

省、自治区、直辖市	时间	政策名称	政策内容
海南	2017年12月	《海南省"十三五"秸秆综合利用实施方案》	到2020年，全省秸秆有效利用资源量达229.52万t，其中秸秆还田160.5万t，年处理利用40 125万t，秸秆综合处理量还要增加69.02万t，即年处理利用17.26万t，秸秆有效利用率将超过85%
江西	2017年9月	《关于切实做好秸秆禁烧和综合利用工作的紧急通知》	提出充分认识秸秆焚烧工作的重要性和紧迫性；切实加强秸秆焚烧工作的组织领导；加大秸秆焚烧工作巡查执法力度；加强秸秆焚烧宣传力度；大力推广秸秆综合利用
	2018年8月	《江西省农作物秸秆综合利用三年行动计划（2018—2020年）》	要求规范秸秆机械收割作业，推动秸秆农用产业发展，2018年全省秸秆综合利用率达到85%，2020年达到90%以上
江苏	2017年2月	《江苏省"十三五"现代生态循环农业发展规划》	构建"种植业—秸秆—畜禽养殖—粪便—沼肥还田、养殖业—畜禽粪便—沼渣/沼液—种植业"等循环利用模式，推进"互联网"在现代生态循环农业发展中的运用，构建粮、菜、果、畜禽、加工、能源、物流、旅游、信息一体化和一二三产业联动发展的现代复合型循环产业体系
	2017年5月	《2017年农作物秸秆综合利用实践指导意见》	2017年，全省农作物秸秆综合利用率达到92%，各地依据全省目标，结合当地实际情况，以不露天焚烧和丢弃污染为原则，合理确定当地2017年的秸秆综合利用目标任务
山东	2016年7月	《山东省农作物秸秆综合利用试点工作方案》	试点地区秸秆综合利用率达到90%以上；直接还田和过腹还田水平大幅度提升；秸秆"五化"利用得到加强；秸秆收储体系覆盖县、乡、村三级；市场化长效运转机制基本建立；县域秸秆综合利用规划或方案得到落实，探索出可持续、可复制、可推广的秸秆综合利用技术路线、应用模式和运行机制

省、自治区、直辖市	时间	政策名称	政策内容
山东	2016年12月	《山东省加快推进秸秆综合利用实施方案（2016—2020年)》	方案提出到2020年，全省秸秆综合利用率达到92%，秸秆综合利用量7 820万t左右。基本建立农民和企业"双赢"、价格稳定的秸秆收储运体系，形成布局合理、多元利用的秸秆综合利用产业化格局
安徽	2017年3月	《大力发展以农作物秸秆资源利用为基础的现代环保产业的实施意见》	到2020年，全省秸秆综合利用率由2015年的81.45%提高到90%以上，秸秆综合利用总量达4 320万t以上。秸秆产业化利用量（包括饲料化、基料化、能源化、工业原料化利用）占利用总量的比例由2015年的21%提高到42%左右，其中能源化、工业原料化利用量占利用总量的比例由2015年的14%提高到35%左右
	2018年6月	《安徽省农作物秸秆综合利用三年行动计划（2018—2020年)》	力争2020年安徽省秸秆综合利用率达到90%以上，其中，产业化利用量占秸秆综合利用总量的比例达到42%，能源化和原料化利用量占秸秆综合利用量占秸秆综合利用总量的比例达到35%
	2021年4月	《安徽省农作物秸秆综合利用奖补资金管理办法》	省财政厅负责：秸秆奖补资金的年度预算编制；会同省农业农村厅拟定资金分配总体方案；审核资金分配建议，分配下达奖补资金；参与制定年度项目管理制度及实施方案；对资金使用情况进行绩效管理监督
四川	2017年3月	《四川省十三五秸秆综合利用规划（2016—2020年)》	秸秆综合利用形成区域化、多元化、标准化、高效化、产业化格局，实现全省秸秆综合利用由政府主导向市场化转变、低效利用向高效利用转变、小规模向集中大规模的商品化转变。力争到2020年使四川省秸秆资综合利用达到全国先进水平，全省秸秆综合利用率达90%以上
	2018年2月	《四川省支持推进秸秆综合利用政策措施的通知》	从财政支持、税收优惠、金融支持、土地支持、电力支持及科技支持等方面加强对秸秆综合利用的支持力度

（续表）

省、自治区、直辖市	时间	政策名称	政策内容
内蒙古	2017年3月	《内蒙古自治区"十三五"秸秆综合利用实施方案》	到2020年，全区秸秆有效利用资源量超过3 000万t，较2015年增加500万t，形成秸秆处理年均增加100万t的能力。基本建立较完善的秸秆田间处理、收集、储运体系；形成布局合理、多元利用的综合利用产业化格局；秸秆资源富集地区秸秆焚烧得到有效遏制
新疆	2017年6月	《新疆"十三五"秸秆综合利用实施方案》	"十三五"期间，将围绕秸秆肥料化利用、秸秆饲料化利用、秸秆收储运体系、秸秆能源化利用、秸秆多元化利用、秸秆基料化利用、秸秆原料化利用等重点领域，实现农作物秸秆得到有效利用，到2020年力争秸秆综合利用率达到85%
甘肃	2017年2月	《甘肃省"十三五"秸秆饲料化利用规划》	到2017年秸秆饲料化利用量达到1 550万t，利用率达到62%；到2020年完成布局合理、多元、深层次利用的秸秆饲料利用产业化格局，利用量达到1 625万t，利用率达到65%
陕西	2017年2月	《陕西省"十三五"秸秆综合利用实施方案》	力争到2020年在全省建立较完善的秸秆还田、收集、储存、运输社会化服务体系，基本形成布局合理、多元利用、可持续运行的综合利用格局，秸秆综合利用率达到85%以上
山西	2018年10月	《关于促进农作物秸秆综合利用和禁止露天焚烧的决定》	对小麦、玉米、高粱、水稻、薯类、油料和杂粮等农作物秸秆综合利用和禁止露天焚烧做出明确规定

二、秸秆资源化利用补贴研究现状

作为农业大国，我国的秸秆资源非常丰富。如何对秸秆资源进行综合利用，一直是政府和学术界共同关注的问题。我国对秸秆综合利用的途径主要分两种：一是秸秆还田，二是秸秆离田后进行专业化的资源再利用。由于秸秆还田操作易行，还有助于改善耕地土质，一直以来被各地政府广泛采用。然而，农作物产量的逐渐提高导致秸秆还田量也随之增加，弊端也日益凸显。近年来，秸秆离田利用受到了广泛的重视，但受制于秸秆收储难度大、收集成本高昂等不利因素，秸秆离田利用进程缓慢。2020年，农业农村部出台的《农业资源及生态保护补助资金项目实施方案》中明确指出，中央财政农业资源及生态保护补助资金主要用于农业废弃物资源化利用等方面的支出，要激发秸秆还田、离田等各环节市场主体活力，探索可推广、可持续的秸秆综合利用模式。各省也出台了相应的秸秆离田补贴扶持政策，以促进秸秆离田资源化利用的市场化运营。在此背景下，如何制定合理的秸秆离田补贴政策，是一个有待于研究的重要问题。

由于参与主体不同，秸秆回收存在多种模式，可归纳为"农户+加工厂"收储运模式、"农户+村委会+加工厂"收储运模式，以及"农户+中间商+加工厂"收储运模式等。针对不同的收储运模式进行的秸秆离田补贴研究，主要分为三类。

1. 秸秆数量补贴研究

曹海旺研究发现政府对农户实施秸秆供给量补贴及对中间商实施运输量激励对供应链具有正向影响。张得志研究发现政府对农户实施收集量补贴激励不仅能提高农户将秸秆直接送至加工厂的积极性，对加工厂和收集站的利益也有不同程度的提高。朱立志认为应对秸秆资源综合利用企业按照秸秆利用量进行补贴，并参照秸秆收储利用规模和项目建设投资规模，实施应补尽补的绿色产品财政补贴。

2. 秸秆价格补贴研究

檀勤良分析了政府对村委会实施价格补贴对供应链的积极效应。Xue分析了政府价格补贴对农户、经纪人、发电厂决策的影响。Jiang研究了生物质能供应链中政府的最优价格补贴策略。Wen研究发现，价格补贴措施不仅可以提高秸秆交易量，而且对秸秆供应链成员和社会都有好处，政府补贴的增加将促进秸秆发电系统的发展。

3. 投入成本补贴研究

李娅楠分析了我国现行的收割补贴政策和运输补贴政策对供应链参与者的影响。Liu发现秸秆发电在发展过程中，投资补贴带来的效用也有所弱化。

当前的研究为秸秆综合利用提供了丰富的理论参考，但仍存在值得进一步研究的地方：一是缺乏政府补贴对社会总福利影响的分析；二是提升政府补贴对综合利用具有正向激励作用是毋庸置疑的，然而，提升补贴有可能增大政府财政支出，给政府带来更大的财政压力，使得补贴延期兑现，进而影响整个行业的发展，因此，有必要考虑政府财政支出情况。基于此，本节重点分析政府实施中间商离田补贴对资源化利用中各参与者收益、社会总福利、政府财政支出的影响，为秸秆综合利用的可持续发展提供理论参考。

三、秸秆资源化利用博弈模型构建与分析

本节的研究对象是"农户+中间商+加工厂"收储运模式：中间商负责秸秆收集，并销售给加工厂，加工厂以生产并销售秸秆再制造产品盈利。政府为了加强秸秆的综合利用，对中间商实施秸秆离田补贴，以提高秸秆离田率，而对还田的秸秆，实施还田补贴。

为了简化模型且不失一般性，假设秸秆在收集区域内具有广泛性、周期性且分布密度均匀，则中间商会优先收集周边的秸秆，然后根据需求量逐步扩大收集距离，因此，假设收集区域呈现圆形状态，收集距离也称为收集半径。根据文献对秸秆资源化利用成本收益的研究成果，模型相关参数如表6-2所示。

表6-2　参数设定及含义

参数	含义	参数	含义
P	秸秆再制造产品市场价格	q	秸秆的离田（收集）量
t	秸秆转化为产品系数	ω_F	秸秆原料的市场价格
ω	加工厂从中间商收购秸秆的价格	π	圆周率
Q	区域秸秆总量	r	中间商收集半径
η	单位面积秸秆产量	C_1	加工厂单位生产成本
C_2	单位秸秆存储成本	C_3	单位面积秸秆收集成本
C_4	中间商运输成本	C_5	单位秸秆还田成本
λ_1	政府对中间商秸秆离田补贴率	λ_2	政府对农户秸秆还田补贴率

中间商和加工厂都以自身利益最大化为目标，政府以社会总福利最大化为目标，即农户、中间商、加工厂收益之和减去政府支出的还田补贴与离田补贴，其中农户的收益为收集区域内秸秆销售收益与收集区域外秸秆还田成本之和，即：

$$\pi_F = -(Q-q)C_5(1-\lambda_2) + \omega_F q \tag{6-1}$$

决策顺序为政府决策离田补贴率，加工厂决策从中间商收购秸秆的价格ω，中间商根据收购价格确定生物质的收集量q。政府、加工厂和中间商的收益函数如下：

$$\pi_G = \pi_P + \pi_M + \pi_F - (Q-q)C_5\lambda_2 - \frac{2\pi r^3\eta C_3\lambda_1}{3} \tag{6-2}$$

$$\pi_P = (P-C_1)qt - q\omega - qC_2 \tag{6-3}$$

$$\pi_M = q(\omega-\omega_F) - \frac{2\pi r^3\eta C_3(1-\lambda_1)}{3} - qC_4 \tag{6-4}$$

其中秸秆的收集量$q=\pi r^2\eta$，$\frac{2\pi r^3\eta C_3}{3}$为中间商收集总成本。根据逆向求解法，先考虑中间商利润最大化，式（6-4）对q求二阶偏导数，得$\frac{\partial^2\pi_M}{\partial q^2} = -\frac{C_3(1-\lambda_1)}{2\sqrt{\pi\eta q}} < 0$，表明$\pi_M$为关于$q$的凹函数，有极大值，令$\frac{\partial\pi_M}{\partial q} = 0$得：

$$q = \frac{\pi\eta(\omega-\omega_F-dC_4)^2}{C_3^2(1-\lambda_1)^2} \tag{6-5}$$

将式（6-5）代入式（6-3），并对ω求二阶导得：

$\frac{\partial^2\pi_P}{\partial\omega^2} = \frac{2\pi\eta}{C_3^2(1-\lambda_1)^2}\{(P-C_1)t - 3\omega + 2\omega_F + 2C_4 + 2C_2\}$，为保证式（6-3）为凹函数，需满足条件$\frac{\partial^2\pi_P}{\partial\omega^2} < 0$，令$\frac{\partial\pi_P}{\partial\omega} = 0$得加工厂对中间商的秸秆收购价格为：

$$\omega = \frac{2(P-C_1)t + \omega_F + C_4 - 2C_2}{3} \tag{6-6}$$

将式（6-6）代入式（6-3）、式（6-4）、式（6-5），分别得中间商收集量、加工厂收益、中间商收益满足如下关系：

$$q = \frac{4\pi\eta N^2}{9C_3^2(1-\lambda_1)^2} \qquad (6-7)$$

$$\pi_P = \frac{4\pi\eta N^3}{27C_3^2(1-\lambda_1)^2} \qquad (6-8)$$

$$\pi_M = \frac{8\pi\eta N^3}{81C_3^2(1-\lambda_1)^2} \qquad (6-9)$$

其中 $N = (P-C_1)t - \omega_F - C_4 - C_2$

将式（6-6）代入式（6-1）得农户收益：

$$\pi_F = -QC_5(1-\lambda_2) + \frac{4\pi\eta N^2\left[C_5(1-\lambda_2)+\omega_F\right]}{9C_3^2(1-\lambda_1)^2} \qquad (6-10)$$

根据式（6-7）至式（6-10），得结论一。

结论一： 秸秆离田量、农户收益、中间商收益、加工收益与秸秆离田补贴率正相关。

证明：由 $\dfrac{\partial q}{\partial \lambda_1}>0$、$\dfrac{\partial \pi_F}{\partial \lambda_1}>0$、$\dfrac{\partial \pi_M}{\partial \lambda_1}>0$、$\dfrac{\partial \pi_P}{\partial \lambda_1}>0$ 可证。

结论一表明，政府提高秸秆离田补贴，有利于提高秸秆离田量，既保护了环境，又增加了农户收入，还缓解了加工厂原料不足的困难局面，获得了更好的收益，促进了秸秆综合利用相关行业的发展，是一项实现环保、惠农、秸秆利用市场化三大作用的举措。

本模型中，政府补贴支出包括还田补贴和离田补贴，因此，政府补贴支出表达式为：

$$S_G = (Q-q)C_5\lambda_2 + \frac{2\pi r^3\eta C_3\lambda_1}{3} \qquad (6-11)$$

结论二： 在秸秆还田补贴不变的条件下，提升秸秆离田补贴并不一定导致政府补贴支出的增加，也可能降低补贴支出。

证明：$\dfrac{\partial S_G}{\partial \lambda_1} = \dfrac{4\pi \eta N^2 \left[4N - 18C_5\lambda_2 + (8N + 18C_5\lambda_2)\lambda_1\right]}{81C_3^2(1-\lambda_1)^4}$，若 $9C_5\lambda_2 - 2N > 0$，

当 $\lambda_1 < \dfrac{9C_5\lambda_2 - 2N}{9C_5\lambda_2 + 4N}$，有 $\dfrac{\partial S_G}{\partial \lambda_1} < 0$，此时，随着离田补贴的增长，政府

补贴支出减少；当 $\lambda_1 > \dfrac{9C_5\lambda_2 - 2N}{9C_5\lambda_2 + 4N}$，有 $\dfrac{\partial S_G}{\partial \lambda_1} > 0$，当 $\lambda_1 = \lambda_1^{S*} = \dfrac{9C_5\lambda_2 - 2N}{9C_5\lambda_2 + 4N}$

时，政府补贴取到最小值；若 $9C_5\lambda_2 - 2N < 0$，$\dfrac{\partial S_G}{\partial \lambda_1} > 0$ 恒成立。

将式（6-7）至式（6-10）代入式（6-2），得社会总福利，即政府收益表达式：

$$\pi_G = \dfrac{4\pi \eta N^2 \left[5N + 9(C_5 + \omega_F) - 4N\lambda_1 / (1-\lambda_1)\right]}{81C_3^2(1-\lambda_1)^2} - QC_5 \qquad (6-12)$$

结论三：随着离田补贴的增大，社会总福利呈现先增大后减小的变化趋势，当离田补贴率为 $\dfrac{N + 3\omega_F + 3C_5}{3N + 3\omega_F + 3C_5}$ 时，社会总福利取到最大值。

证明：由 $\dfrac{\partial \pi_G}{\partial \lambda_1} = \dfrac{8\pi \eta N^2 \left[N + 3\omega_F + 3C_5 - (3N + 3\omega_F + 3C_5)\lambda_1\right]}{27C_3^2(1-\lambda_1)^5}$，结合 $\lambda_1 \in$

（0，1）知，当 $0 < \lambda_1 < \dfrac{N + 3\omega_F + 3C_5}{3N + 3\omega_F + 3C_5}$ 时，$\dfrac{\partial \pi_G}{\partial \lambda_1} > 0$，当 $\dfrac{N + 3\omega_F + 3C_5}{3N + 3\omega_F + 3C_5} <$

$\lambda_1 < 1$，$\dfrac{\partial \pi_G}{\partial \lambda_1} < 0$；

由 $\dfrac{\partial^2 \pi_G}{\partial \lambda_1^2} = \dfrac{8\pi \eta N^2 \left[N + 9\omega_F + 9C_5 - (9N + 9\omega_F + 9C_5)\lambda_1\right]}{27C_3^2(1-\lambda_1)^5}$ 知，

当 $\lambda_1 > \dfrac{N + 9\omega_F + 9C_5}{9N + 9\omega_F + 9C_5}$ 时式（6-12）为凹函数，令 $\dfrac{\partial \pi_G}{\partial \lambda_1} = 0$，得社会总福利最大下政府最优离田补贴率为：

$$\lambda_1^{G*} = \dfrac{N + 3\omega_F + 3C_5}{3N + 3\omega_F + 3C_5} \qquad (6-13)$$

将式（6-13）分别代入式（6-7）至式（6-12），得各变量最优值，具体见表6-3。

表6-3　模型各变量最优值

变量	表达式
社会总福利最优下秸秆离田补贴率 λ_1^{G*}	$\dfrac{N+3\omega_F+3C_5}{3N+3\omega_F+3C_5}$
社会总福利 π_G^*	$\dfrac{\pi\eta\left[(P-C_1)t-C_4-C_2+C_5\right]^3}{3C_3^2}-QC_5$
加工厂收益 π_P^*	$\dfrac{\pi\eta N\left[(P-C_1)t-C_4-C_2+C_5\right]^2}{3C_3^2}$
中间商收益 π_M^*	$\dfrac{2\pi\eta N\left[(P-C_1)t-C_4-C_2+C_5\right]^2}{9C_3^2}$
农户收益 π_F^*	$-QC_5(1-\lambda_2)+\dfrac{\pi\eta\left[C_5(1-\lambda_2)+\omega_F\right]\left[(P-C_1)t-C_4-C_2+C_5\right]^2}{C_3^2}$
秸秆离田量 q^*	$\dfrac{\pi\eta\left[(P-C_1)t-C_4-C_2+C_5\right]^2}{C_3^2}$
政府补贴总支出 S_G^*	$\dfrac{\pi\eta\left[\dfrac{2N+6\omega_F+6C_5}{9}-C_5\lambda_2\right]\left[(P-C_1)t-C_4-C_2+C_5\right]^2}{C_3^2}+QC_5\lambda_2$

由表6-3得结论四。

结论四： 秸秆还田补贴能提高农户收益，但也会增加政府补贴支出，且对秸秆离田量、中间商收益、加工厂收益、社会总福利均无影响。

证明：由 $\dfrac{\partial S_G^*}{\partial \lambda_2}=\dfrac{(2N+6\omega_F+6C_5)q^*}{9}+(Q-q^*)C_5>0$ ， $\dfrac{\partial \pi_F^*}{\partial \lambda_2}=(Q-q^*)$

$C_5+\omega_F q^*>0$ ， $\dfrac{\partial \pi_G^*}{\partial \lambda_2}=0$ ， $\dfrac{\partial \pi_P^*}{\partial \lambda_2}=0$ ， $\dfrac{\partial \pi_M^*}{\partial \lambda_2}=0$ ， $\dfrac{\partial q^*}{\partial \lambda_2}=0$ 可证。

四、秸秆资源化利用补贴决策算例分析

为验证理论研究得出结论的正确性和有效性，以秸秆发电为例，依据江苏省某区域秸秆综合利用相关数据，设置模型参数，采用Matlab 2018a软件进行仿真分析（表6-4）。

表6-4　秸秆发电相关参数取值

变量 （单位）	P （元）	$Q(t)$ （t）	t	ω_F （元/t）	C_1 （元）	C_2 （元/t）	C_3 （元/m²）	C_4 （元/t）	C_5 （元/t）	η （t/m²）	λ_2
取值	0.75	40 000	600	20	0.3	10	0.2	80	200	0.001	0.3

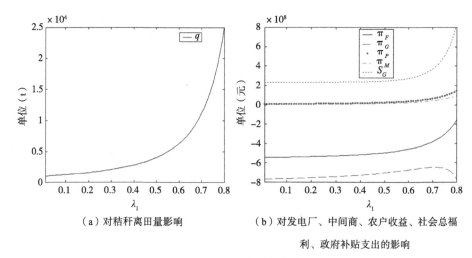

（a）对秸秆离田量影响

（b）对发电厂、中间商、农户收益、社会总福利、政府补贴支出的影响

图6-1　离田补贴率对各变量影响

根据表6-4，得到各变量的最优值（表6-5）。

表6-5　各变量最优取值

变量（单位）	λ_1^{G*}	π_G^*（元）	π_P^*（元）	π_M^*（元）	π_F^*（元）	q^*（t）	S_G^*（元）	λ_1^{S*}
取值	0.719	-6 564 183	604 555	403 036	-3 786 336	11 335	3 785 438	0.186

从图6-1中可以看出，将离田补贴率从0.01提升到0.8，秸秆离田量和农户收益增幅较大。从环境保护的角度来看，秸秆离田量增长了数倍，推动了农业废弃物资源回收再利用，节约了能源；从农户增收的角度来看，一是农户从秸秆离田中获得了秸秆原料销售收入，二是秸秆还田量的减少使得农户降低了还田成本，因此农户收益增幅较大。

从秸秆发电产业发展的角度来看，当秸秆离田补贴率为最低值0.01时，发电厂、中间商几乎无利可图，结合图6-1（a），揭示了当前我国秸秆焚烧发电行业商业化缓慢的经济原因：一方面，由于秸秆的自然特征，导致秸秆收集成本高昂，中间商无力收集足量秸秆，发电厂受制于原料不足而陷入运营困难的处境；另一方面，近年来，迫于秸秆禁烧的压力，地方政府更倾向于采用简便易行见效快的"粉碎还田"来处理秸秆，因此将有限的财政资金投入到了秸秆还田工作中，而对秸秆离田扶持力度不够。随着秸秆离田补贴率的提高，两者收益曲线有所上升，这说明提高秸秆离田补贴力度是有利于秸秆发电行业发展的，但增长率不及秸秆离田量和农户收益，这表明秸秆离田量和农户收益对离田补贴更为敏感，环保和惠农在秸秆离田补贴成效中更有体现。

从政府收益的角度来看，图6-1（b）中，社会总福利随着离田补贴率的提高呈现出先增长后降低的变化趋势，由表6-5可知，当社会总福利最大时，离田补贴率为0.719，此时发电厂最大收益为604 555元、中间商最大收益为403 036元，秸秆最大离田量为11 335t。当离田补贴率高于0.719时，社会总福利出现了快速下降。由于社会总福利中发电厂、中间商、农户收益均增大，因此，社会总福利的快速下降是由政府补贴支出的快速增大导致的。事实上，在政府决策中，往往受制于财政能力，无法实施社会总福利最大化下的最优决策。另外，秸秆还田或是离田，均带有一定的非经济效益，表6-5中社会总福利以及农民收益均为负值，这在一定程度上揭示了当前我国秸秆综合化利用中，部分地区的政府及农民积极性不高，仍需要强制性手段来实现秸秆综合化利用的经济原因。

从政府财政资金约束的角度来看，随着秸秆离田补贴的增大，呈现了先降低后升高的变化趋势，由表6-5可知，当政府财政总支出最低时，离田补贴率为0.186。这是由于秸秆离田量的提升虽然加大了秸秆补贴支出，但也减少了秸秆还田补贴支出，两者增减幅度的变化，形成了图中的变化趋势。这为政府决策提供了一个理论支持：在不降低还田补贴力度的基础上，适度提高秸秆离田补贴率，政府补贴支出并不会增加，而秸秆离田量、发电厂收益、中间商收益、农户收益，社会总福利均有所提升，实现了政府财政资金约束下的多方受益。

第二节　农业废弃物资源化利用政府补贴调整机制

环境污染第三方治理是排污者通过缴纳或按合同约定支付费用、委托环境服务公司进行污染治理的新模式。当前管制模式下环境污染治理制度存在内生缺陷，环境第三方治理是环境污染治理的理念与路径从管制模式向互动模式的转换，还能够有效提升治污效率，降低治污成本，减轻政府财政负担。学者主要从宏观定性和微观定量两个维度开展研究。

在宏观定性分析方面，学者主要聚焦于第三方治理的契约设计、责任划分、法律体系建设等方面的探讨。研究表明，要推行环境污染第三方治理机制，应积极构建所需的法律政策扶持体系及健康运行所需的制度环境和氛围，清除存在的结构性障碍，明晰环境污染第三方治理中的责任界定，尝试实施环境责任保险制等制度。肖萍认为农村环境污染第三方治理由四方契约主体通过八种契约实施，但要扫除执行障碍，还必须有实施机制予以配套，缴费比例较低也会严重影响农业废弃物第三方治理的正常运转。徐秉声构建了支撑环境污染第三方治理的标准体系。

在微观定量研究方面，学者主要从第三方治理的逆向选择风险规避、效用评价等方面进行研究，研究方法主要是系统动力学、博弈论、多准则决策、统计学方法等。在研究中学者也较多的考虑了政府补贴这一因素，针对补贴对环境污染治理企业的影响，学者基本达成了两点共识：一是提升政府补贴力度有利于资源化利用企业的运营与发展。例如，王翠霞对农业废弃物第三方处理补贴政策的实施效率进行了动态仿真分析，认为应提升补贴力度。黄华构建燃煤电厂环境污染第三方治理博弈模型，发现因提供较少补贴就能帮助燃煤电厂，政府更倾向根据第三方治理模式制定补贴政策。宋金波运用系统动力学方法分析了政府补贴下多因素变化对垃圾焚烧发电项目收益的影响。Song构建了垃圾焚烧项目特许期和补贴的系统动力学模型，研究能够获得公众支持的特许期及补贴方案。二是政府补贴的延期兑现会给污染物治理企业运营带来高风险。研究表明，补贴严重延期等政府信贷风险是影响垃圾焚烧项目运营的关键因素之一。中国污水处理厂运营期间所需的补贴通常高于政府最初的估计，因此经常超过政府能够承担的预算，导致项目失败或操作不足的高风险。

政府补贴有利于污染物治理企业的运营，但也会加重政府财政负担，过重的财政负担会导致补贴难以兑现，对资源化利用模式的持续运营与发展产生负面影响，例如，全国装机规模第三的生物质发电企业山东琦泉集团曾于2018年8月向财政部纪检组反映，被国家拖欠可再生能源电价补贴已达10亿元之多，企业经营困难，濒临破产。因此，有必要探讨如何设计政府补贴力度，使得资源化利用模式具有可持续性。本节运用演化博弈理论，通过分析农业废弃物治理企业与地方政府多次相互作用关系下策略选择，探索政府补贴力度的调整方式，为农业废弃物资源化利用模式的稳定运营提供参考。

一、资源化利用企业、地方政府两方博弈系统分析

在农业废弃物资源化利用模式中，资源化利用企业（以下简称企业）与周边农业生产主体签订废弃物处理合同，全量化收集处理周边农业生产主体产生的废弃物，根据《畜禽规模养殖污染防治条例》规定，对符合规定的农业废弃物利用企业依法享受免征增值税等税收。当企业不参与农业废弃物资源化利用时，农业生产主体独立处理废弃物，可以合规处理废弃物，即投入高成本将全部废弃物无害化处理，也存在违规处理废弃物的行为，例如废弃物偷排，地方政府（以下简称政府）若未发现农业生产主体违规处理废弃物，将承担损失，包括社会福利损失、声誉损失等。企业、政府两方博弈基于以下假设。

假设一：企业和政府都是有限理性经济人。

假设二：企业和政府各自均有两种策略：企业可以选择参与或者不参与农业废弃物资源化利用策略；政府可以选择积极引导企业参与资源化利用策略，也可以选择消极引导策略。

假设三：政府消极引导主要体现在政府仅对农业生产主体进行常规

监管；政府积极引导企业参与资源化利用主要体现在两个方面：一是会针对参与资源化利用的企业实施按量补贴政策，二是不仅仅会对农业生产主体进行常规监管，还会对未参与资源化利用的农业生产主体开展废弃物处理检查。为了便于表述，对各参数做出如下设定（表6-6）。

表6-6　参数设定及说明

参数	说明
q	企业废弃物处理量，即参与资源化利用的农业生产主体废弃物产生量，在最优状态下等于企业额定废弃物处理量
R	企业处理每单位废弃物的收益
s	政府对企业处理每单位废弃物的补贴
F	企业参与资源化利用需付出参与成本，例如设备折旧成本等
C	政府对不参与资源化利用的农业生产主体开展废弃物处理检查的成本
C_1	政府对参与资源化利用的农业生产主体的常规监督成本
C_2	政府对不参与资源化利用的农业生产主体的常规监督成本
t	不参与资源化利用的农业生产主体废弃物处理量
λ	不参与资源化利用的农业生产主体中合规处理废弃物的比例
P	政府对不参与资源化利用的农业生产主体开展废弃物处理检查的概率
d	政府对不参与资源化利用的农业生产主体违规处理废弃物的处罚
M	政府未发现不参与资源化利用的农业生产主体违规处理废弃物需承担的损失

由上述得企业和政府策略交往的支付矩阵，如表6-7所示。

表6-7　企业、政府策略交往的支付矩阵

企业参与	政府积极引导	政府消极引导
	$q(R+s)-F$, $-C_1-qs$	$qR-F$, $-C_1$
企业不参与	0, $(1-\lambda)(q-t)dP+(1-P)(1-\lambda)(-M)-C-C_2$	0, $(1-\lambda)(-M)-C_2$

假设初始时刻，企业群体中采取"参与"策略的比例为P_1，则选择"不参与"策略的比例为$1-P_1$；政府群体中采取"积极引导"策略的比例为P_2，则选择"消极引导"策略的比例为$1-P_2$；其中$0 \leqslant P_1$，$\leqslant P_2$。

设企业采取参与策略的期望收益为E_{11}，采取不参与策略的期望收益为E_{12}，群体平均收益为E_1，则

$$E_{11} = P_2\left[q(R+s)-F\right]+(1-P_2)(qR-F) \qquad (6-14)$$

$$E_{12} = 0 \qquad (6-15)$$

$$E_1 = P_1 E_{11} + (1-P_1)E_{12} \qquad (6-16)$$

设政府采取积极引导策略的期望收益为E_{21}，采取消极引导策略的期望收益为E_{22}，群体平均收益为E_2，则

$$E_{21} = P_1(-C_1-qs)+(1-P_1)\left[(1-\lambda)(q-t)dP+(1-P)(1-\lambda)(-M)-C-C_2\right] \qquad (6-17)$$

$$E_{22} = P_1(-C_1)+(1-P_1)\left[(1-\lambda)(-M)-C_2\right] \qquad (6-18)$$

$$E_2 = P_2 E_{21}+(1-P_2)E_{22} \qquad (6-19)$$

则企业、政府策略选择的复制动态方程为：

$$\begin{cases} \dfrac{\mathrm{d}P_1}{\mathrm{d}t} = P_1\left(E_{11}-E_1\right) = P_1\left(1-P_1\right)\left(P_2 qs+qR-F\right) \\ \dfrac{\mathrm{d}P_2}{\mathrm{d}t} = P_2\left(E_{21}-E_2\right) = P_2\left(1-P_2\right)\left[A-P_1\left(qs+A\right)\right] \end{cases} \qquad (6-20)$$

其中$A = (1-\lambda)\left[(q-t)d+M\right]P-C$，进而得式（6-20）的雅克比矩阵为：

$$J = \begin{pmatrix} (1-2P_1)(P_2 qs+qR-F) & P_1\left(1-P_1\right)qs \\ P_2\left(1-P_2\right)(-qs-A) & (1-2P_2)\left[A-P_1\left(qs+A\right)\right] \end{pmatrix}$$

当企业未参与资源化利用模式中，对于政府而言，希望吸引企业加入资源化利用模式中，即企业不参与下政府积极引导的收益应大于企业不参与下政府消极引导的收益。由此可得下述不等式：$(1-\lambda)(q-t)dP+$

$(1-P)(1-\lambda)(-M)-C-C_2>(1-\lambda)(-M)-C_2$，即

$$A>0 \qquad\qquad (6-21)$$

令 $\begin{cases} \dfrac{dP_1}{dt}=0 \\ \dfrac{dP_2}{dt}=0 \end{cases}$，得式（6-20）具有4个纯策略均衡和1个可能存在的混合

策略均衡：$(0,0)$，$(0,1)$，$(1,0)$，$(1,1)$，(P_1,P_2)，其

中 $P_1=\dfrac{A}{qs+A}$，$P_2=\dfrac{F-qR}{qs}$。

由此对上述5个均衡点的稳定性进行分析，结果见表6-8所示。

表6-8　式（6-20）均衡点稳定性分析

均衡点	$detJ$	trJ
$(0,0)$	$(qR-F)A$	$(qR-F)+A$
$(0,1)$	$-[q(R+s)-F]A$	$[q(R+s)-F]-A$
$(1,0)$	$(qR-F)qs$	$F-qR-qs$
$(1,1)$	$-[q(R+s)-F]qs$	$F-qR$
(P_1,P_2)	$P_2(1-P_2)(-qs-A)P_1(1-P_1)qs$	0

结论五： 企业、政府博弈演化存在3种情形：情形1，当 $q(R+s)-F<0$ 时，存在一个演化稳定策略 $(0,1)$；情形2，当 $qR-F<0$ 且 $q(R+s)-F>0$ 时，不存在演化稳定策略；情形3，当 $qR-F>0$ 时，存在一个演化稳定策略 $(1,0)$。

根据Friedman提出的均衡点稳定性判断方法可知，均衡点 $(0,0)$，$(1,1)$，(P_1,P_2) 均不可能是演化稳定策略。当 $qR-F>0$ 时，$q(R+s)-F>0$，则 $-[q(R+s)-F]A<0$，故均衡点 $(0,1)$ 不是演化稳定策略；由 $(qR-F)qs>0$ 且 $F-qR-qs<0$ 知，均衡点 $(1,0)$ 为有且唯一存在的演化稳定策略。同理可得当 $qR+qs-F<0$ 时，均衡点 $(0,1)$ 为有且唯一存在的演化稳定策略；当 $qR-F<0$ 且 $qR+qs-F>0$ 时，企业、政府博弈

系统不存在演化稳定策略。

情形1表明，当政府给予企业补贴较低、企业参与资源化利用的净收益为负时（即$qR+qs-F<0$），企业不希望加入资源化利用模式。情形2表明，当政府给予企业补贴较高使得企业参与资源化利用净收益为正时（即$qR-F<0$且$qR+qs-F>0$），此时企业、政府博弈系统不存在演化稳定策略，这是因为政府制定高补贴吸引大量企业加入资源化利用模式后，大大加重了政府的财政负担，政府积极引导的意愿降低，使得已加入资源化利用的企业部分退出；这客观上减轻了政府的财政负担，政府积极引导的意愿加强，又再次吸引企业加入资源化利用模式，双方在互相观察对方的决策后作出决策，策略选择呈现周期性波动，故不存在演化稳定策略。情形3表明，当企业参与资源化利用的净收益为正时（即$qR-F>0$），即使不需要政府补贴，企业也希望加入资源化利用模式中，这是一种较为理想的状态。

当补贴较低、企业参与资源化利用的净收益为负时，即演化结果为情形1，对于地方政府而言，需要提升补贴力度，使得企业参与资源化利用的净收益为正从而吸引企业加入资源化利用模式，但难以让资源化利用模式稳定运营，即演化结果从情形1变为情形2，有必要针对情形2采取优化措施，使得企业、政府博弈系统达到稳定状态，保障农业废弃物资源化利用模式的稳定运营。

二、固定下限—调整上限补贴动态调整

本书首先在固定补贴不变的基础上，增加动态补贴政策，即优化后的补贴是由固定补贴和动态补贴两部分构成，优化后补贴的表达式如下：

$$s^* = s + (1-P_1)E \qquad (6-22)$$

其中E表示动态补贴上限（$E>0$）；（$1-P_1$）E表示政府根据企业的决策确定的动态补贴额度，当企业参与资源化利用模式比例降低时，动态补贴额度提高，当企业参与资源化利用模式比例增大时，动态补贴额度降低。用s^*替代原系统中的s，由此可得固定下限—调整上限补贴动态调整下的企业、政府策略选择的复制动态方程：

$$\begin{cases} \dfrac{dP_1}{dt} = P_1(1-P_1)\{P_2q[s+(1-P_1)E]+qR-F\} \\ \dfrac{dP_2}{dt} = P_2(1-P_2)\{A-P_1[qs+q(1-P_1)E+A]\} \end{cases} \quad (6\text{-}23)$$

进而得式（6-23）的雅可比矩阵：

$$J=\begin{pmatrix} (1-2P_1)\{P_2q[s+(1-P_1)E]+qR-F\}-P_1(1-P_1)P_2qE & P_1(1-P_1)q[s+(1-P_1)E] \\ -P_2(1-P_2)[qs+q(1-2P_1)E+A] & (1-2P_2)\{A-P_1[qs+q(1-P_1)E+A]\} \end{pmatrix}$$

下面求解式（6-23）的均衡点。令 $\begin{cases} \dfrac{dP_1}{dt}=0 \\ \dfrac{dP_2}{dt}=0 \end{cases}$，得式（6-23）具有4个

纯策略均衡点：（0，0），（0，1），（1，0），（1，1）及1个混合策略均衡 $\left(P_1^*, P_2^*\right)$ 点。下面求解 $\left(P_1^*, P_2^*\right)$。首先求解

$$A-P_1[qs+q(1-P_1)E+A]=0 \quad (6\text{-}24)$$

即 $qEP_1^2-(T+qE)P_1+A=0$，其中 $T=qs+A$ 根的判别式 $\Delta=(qs)^2+2qs(qE+A)+(qE-A)^2>0$，式（6-24）具有两相异实根，

$$P_1'=\frac{T+qE-\sqrt{(T+qE)^2-4AqE}}{2qE}, \quad P_1''=\frac{T+qE+\sqrt{(T+qE)^2\,4AqE}}{2qE} \text{ 由}$$

$(qE-T)^2-[(T+qE)^2-4AqE]=-4qEqs<0$ 得 $0<qE-T<\sqrt{(T+qE)^2-4AqE}$

或 $0<T-qE<\sqrt{(T+qE)^2-4AqE}$，由 $0<qE-T<\sqrt{(T+qE)^2-4AqE}$ 得

$$\frac{T+qE+\sqrt{(T+qE)^2-4AqE}}{2qE}>1, \quad P_1'' \text{ 舍去；}$$

由 $0<T-qE<\sqrt{(T+qE)^2-4AqE}$ 得 $P_1'=\dfrac{T+qE-\sqrt{(T+qE)^2-4AqE}}{2qE}<1$，

又显然 $P_1'=\dfrac{T+qE-\sqrt{(T+qE)^2-4AqE}}{2qE}>0$，故 $P_1^*=\dfrac{T+qE-\sqrt{(T+qE)^2-4AqE}}{2qE}$

由 $q(R+s)-F>0$ 知 $P_2=\dfrac{qR-F}{q[s+(1-P_1)E]}\in(0.1)$，故

$$P_1^*=\frac{T+qE-\sqrt{(T+qE)^2-4AqE}}{2qE}，\quad P_2^*=\frac{2(F-qR)}{qs+qE-A+\sqrt{(T+qE)^2-4AqE}}$$

故

$$P_1^*=\frac{T+qE-\sqrt{(T+qE)^2-4AqE}}{2qE} \tag{6-25}$$

$$P_2^*=\frac{2(F-qR)}{qs+qE-A+\sqrt{(T+qE)^2-4AqE}} \tag{6-26}$$

$T=qs+A$。对上述5个均衡点进行稳定性分析，结果如表6-9所示。

表6-9　式（6-23）的均衡点稳定性分析

均衡点	$detJ$	符号	trJ	符号	稳定性
（0，0）	$-(F-qR)A$	负	$A-(F-qR)$	不定	不稳定
（0，1）	$-(qs+qE+qR-F)A$	负	$(qs+qE+qR-F)-A$	不定	不稳定
（1，0）	$-(F-qR)qs$	负	$F-qR-qs$	负	不稳定
（1，1）	$-(qs+qR-F)qs$	负	$F-qR$	正	不稳定
(P_1^*,P_2^*)	$P_1^*(1-P_1^*)q[s+(1-P_1^*)E]P_2^*$ $(1-P_2^*)[qs+q(1-2P_1^*)E+A]$	正	$-P_1^*(1-P_1^*)P_2^*qE$	负	稳定

由表6-9可知，式（6-23）具有一个稳定均衡点 (P_1^*,P_2^*)，对应着演化稳定策略（ESS）。由此可以看出，固定下限—调整上限的补贴动态调整机制可以有效抑制波动，使企业、政府博弈系统达到稳定状态。

结论六： 固定下限—调整上限的补贴动态调整机制实施下，企业选择参与资源化利用的比例、政府选择积极引导的比例，与动态补贴上限 E 成反比，且企业选择参与资源化利用的比例有极大值 $P_{1MAX}^*=\dfrac{A}{qs+A}$，政府选择积极引导的比例有极大值 $P_{2MAX}^*=\dfrac{F-qR}{qs}$。

证明：$\dfrac{\partial P_1^*}{\partial E} = \dfrac{T^2 + qET - 2AqE - T\sqrt{(T+qE)^2 - 4AqE}}{2qE^2\sqrt{(T+qE)^2 - 4AqE}}$

当$T^2 + qET - 2AqE < 0$时，$\dfrac{\partial P_1^*}{\partial E} < 0$；当$T^2 + qET - 2AqE \geq 0$时，

$\left(T^2 + qET - 2AqE\right)^2 - \left[T\sqrt{(T+qE)^2 - 4AqE}\right]^2 = -4Aq^2E^2qs < 0$，故

$\dfrac{\partial P_1^*}{\partial E} < 0$；$P_{1MAX}^* = \lim\limits_{E \to 0} \dfrac{T + qE - \sqrt{(T+qE)^2 - 4AqE}}{2qE} = \dfrac{A}{qs + A}$。

$\dfrac{\partial P_2^*}{\partial E} = \dfrac{-q(F - qR)\left[qs + qE - A + \sqrt{(T+qE)^2 - 4AqE}\right]^{-3/2}}{\sqrt{(T+qE)^2 - 4AqE}}$

$\left[\sqrt{(T+qE)^2 - 4AqE} - (2A - T - qE)\right]$

当$2A - T - qE < 0$时，$\dfrac{\partial P_2^*}{\partial E} < 0$；当$2A - T - qE \geq 0$时，

$(T+qE)^2 - 4AqE - (2A - T - qE)^2 = 4Aqs > 0$，故$\dfrac{\partial P_2^*}{\partial E} < 0$；

$P_{2MAX}^* = \lim\limits_{E \to 0} \dfrac{2(F - qR)}{qs + qE - A + \sqrt{(T+qE)^2 - 4AqE}} = \dfrac{F - qR}{qs}$

结论六表明，动态补贴上限越高，政府的财政负担越重，选择积极引导的比例越低，进而使得企业选择参与废弃物资源化利用的比例也降低。降低动态补贴上限，企业选择参与资源化利用的比例、政府选择积极引导的比例提高，逐渐逼近极大值。

三、固定上限—调整下限补贴动态调整

固定下限—调整上限补贴动态调整虽然给企业提供了更多的补贴，但也加重了政府的财政负担。从减轻政府财政负担的视角，本书提出固定上限—调整下限的补贴动态调整，即将部分固定补贴转为动态补贴，表达式如下：

$$s^{**} = ns + (1-P_1)(1-n)s \tag{6-27}$$

其中，n代表优化后固定补贴占初始固定补贴的比重，$1-n$表示初始固定补贴转为动态补贴的比重。注意到情形3的前提条件$qs+qR-F>0$，则$qs^{**}+qR-F>0$也需恒成立，得$nqs>F-qR$，即$n>\dfrac{F-qR}{qs}$，由此可得$n\in(\dfrac{F-qR}{qs},1)$。将s^{**}替换式（6-20）中的s得：

$$\begin{cases} \dfrac{\mathrm{d}P_1}{\mathrm{d}t} = P_1(1-P_1)\left\{P_2q\left[s-(1-n)sP_1\right]+qR-F\right\} \\ \dfrac{\mathrm{d}P_2}{\mathrm{d}t} = P_2(1-P_2)\left\{A-P_1\left[qs-(1-n)qsP_1+A\right]\right\} \end{cases} \tag{6-28}$$

进而得式（6-28）雅可比矩阵为：

$$J = \begin{pmatrix} (1-2P_1)\left\{P_2q\left[s-(1-n)sP_1\right]+qR-F\right\}-P_1(1-P_1)(1-n)sP_2q & P_1(1-P_1)q\left[s-(1-n)sP_1\right] \\ -P_2(1-P_2)\left[qs-2(1-n)qsP_1+A\right] & (1-2P_2)\left\{A-P_1\left[qs-(1-n)qsP_1+A\right]\right\} \end{pmatrix}$$

令$\begin{cases} \dfrac{\mathrm{d}P_1}{\mathrm{d}t}=0 \\ \dfrac{\mathrm{d}P_2}{\mathrm{d}t}=0 \end{cases}$解得均衡点分别为（0，0），（0，1），（1，0），（1，1），(P_1^{**},P_2^{**})，其中

$$P_1^{**} = \frac{T-\sqrt{T^2-4Aqs(1-n)}}{2qs(1-n)} \tag{6-29}$$

$$P_2^{**} = \frac{2(F-qR)}{qs-A+\sqrt{T^2-4Aqs(1-n)}} \tag{6-30}$$

表6-10　式（6-28）的均衡点稳定性分析

均衡点	$detJ$	符号	trJ	符号	稳定性
（0，0）	$-(F-qR)A$	负	$A-(F-qR)$	不定	不稳定
（0，1）	$-(qs+qR-F)A$	负	$(qs+qR-F)-A$	不定	不稳定
（1，0）	$-(F-qR)nqs$	负	$F-qR-nqs$	负	不稳定

（续表）

均衡点	detJ	符号	trJ	符号	稳定性
$(1, 1)$	$-(qsn+qR-F)qsn$	负	$F-qR$	正	不稳定
$\left(P_1^*, P_2^*\right)$	$P_1^{**}(1-P_1^{**})q\left[s-(1-n)sP_1^{**}\right]P_2^{**}$ $(1-P_2^{**})\left[qs-2(1-n)qsP_1^{**}+A\right]$	正	$-P_1^{**}(1-P_1^{**})(1-n)sP_2^{**}q$	负	稳定

由表6-10可知，式（6-28）具有一个稳定均衡点$\left(P_1^{**}, P_2^{**}\right)$，对应着演化稳定策略（ESS）。与固定下限—调整上限的补贴动态调整机制类似，固定上限—调整下限的补贴动态调整机制也可以有效抑制波动，使企业、政府博弈过程达到稳定状态。

结论七： 固定上限—调整下限的补贴动态调整机制实施下，企业选择参与资源化利用的比例、政府选择积极引导的比例，与固定补贴占比n成反比，且企业选择参与资源化利用的比例有极小值$P_{1\min}^{**}=\dfrac{A}{qs+A}$，政府选择积极引导的比例有极小值$P_{2\min}^{**}=\dfrac{F-qR}{qs}$。

结论七表明，在固定上限—调整下限的补贴动态调整机制中，降低固定补贴额度，提高动态补贴额度，即降低固定补贴占比n，有助于提高政府选择积极引导的比例，进而提高企业选择参与资源化利用的比例。这主要是因为降低固定补贴额度进一步降低了政府的财政负担，增强了政府积极引导的意愿。

结论八： 当农业废弃物处理量$q>\dfrac{F}{R+ns}$时，固定上限—调整下限的补贴动态调整机制能更好的推动农业废弃物资源化利用模式稳定运营。当农业废弃物处理量$q<\dfrac{F}{R+s}$时，对于$\forall n\in(\dfrac{F-qR}{qs},1)$，固定上限—调整下限的补贴动态调整机制都无法维持农业废弃物资源化利用模式稳定运营；若存在动态补贴上限E使得$\dfrac{F}{R+s^*}<q<\dfrac{F}{R+s}$成立，则固定下限—调整上限的补贴动态调整机制可以维持农业废弃物资源化利用模式稳定运营。

当农业废弃物处理量$q>\dfrac{F}{R+ns}$时，$qs^*+qR-F>0$和$qs^{**}+qR-F>0$均成立，此时两种补贴动态调整机制均可以使得企业、政府博弈系统收敛于演化稳定策略。从结论六和结论七中企业选择参与资源化利用的比例的极值与政府选择积极引导的比例的极值可知，相比于固定下限—调整上限的补贴动态调整机制，固定上限—调整下限的补贴动态调整机制更加能提高政府积极引导的比例及企业参与资源化利用的比例。当农业废弃物处理量 $\frac{F}{R+s^*}<q<\frac{F}{R+s}$ 时，$qs^{**}+qR-F<0$ 且 $qs^*+qR-F>0$，此时仅有固定下限—调整上限的补贴动态调整机制可以使得企业、政府博弈过程收敛于演化稳定策略。事实上，固定上限—调整下限的补贴动态调整机制中的上限，即为固定下限—调整上限的补贴动态调整机制中的下限，固定上限—调整下限的补贴动态调整机制能够更好地节约政府补贴支出、降低财政负担，更有利于农业废弃物资源化利用模式的长期稳定运营，但对废弃物供应量波动带来的稳定性降低风险抵御能力较弱。

结论九： 实施补贴动态调整机制下，企业选择参与资源化利用策略的比例、政府选择积极引导策略的比例，与不参与资源化利用的农业生产主体中合规处理废弃物的比例、废弃物处理量成反比，与政府对不参与资源化利用的农业生产主体开展废弃物处理检查的概率、违规处理废弃物的处罚成正比。

从 $\left(P_1^*,P_2^*\right)$ 和 $\left(P_1^{**},P_2^{**}\right)$ 的表达式可以看出，两种补贴动态机制下的演化稳定策略均受到多个参数的影响，且参数对两演化稳定策略的影响类似。

P_1^{**}、P_2^{**} 分别对 λ、t 求偏导，得 $\frac{\partial P_1^{**}}{\partial \lambda}=\frac{[(q-t)d+M]P}{2qs(1-n)}\times$

$\left[\frac{T-2qs(1-n)}{\sqrt{T^2-4Aqs(1-n)}}-1\right]<0$

$\frac{\partial P_2^{**}}{\partial \lambda}=(F-qR)[(q-t)d+M]P\times\left[qs-A+\sqrt{T^2-4Aqs(1-n)}\right]^{-3/2}$；

$\left[\frac{T-2qs(1-n)}{\sqrt{T^2-4Aqs(1-n)}}-1\right]<0$；$\frac{\partial P_1^*}{\partial t}<0$，$\frac{\partial P_2^*}{\partial t}<0$。当不参与资源化利用时，

农业生产主体中合规处理废弃物的比例越低、废弃物处理量越低，说明该地区农业生产主体环境行为表现越差，政府迫于当前的环保压力，积极引

导企业参与资源化利用的意愿越高，企业参与资源化利用的意愿也越高，农业废弃物资源化利用模式的稳定性越高。因此，当农业环境污染较重时，农业废弃物资源化利用模式稳定性较高。由 $\dfrac{\partial P_1^{**}}{\partial P} > 0$，$\dfrac{\partial P_2^{**}}{\partial P} > 0$；$\dfrac{\partial P_1^{**}}{\partial d} > 0$，$\dfrac{\partial P_2^{**}}{\partial d} > 0$ 知，政府加强对农业生产主体废弃物处理检查的强度、提高对违规处理废弃物的处罚力度均有利于提升该模式的稳定性，这是因为能促使农业生产主体加入农业废弃物资源化利用中。

四、农业废弃物资源化利用补贴案例分析

江西省新余市渝水区罗坊镇大型沼气工程项目是江西正合环保工程公司于2016年投资8 583.68万元建设的大型农业废弃物处理中心，以签订合同的方式，全量化收集处理周边中小规模生猪养殖场产生的废弃物，主要包括生猪粪污和病死猪。该大型沼气工程项目利用容积为20 010m³的CSTR厌氧发酵罐将废弃物中的有机质进行转化，2018年，年处理20万t废弃物，年产沼气912万m³，为罗坊镇6 000户居民供气，剩余沼气用于发电上网，年产沼渣肥2.8万t，沼液肥15万t，年利润为170.56万元，政府补贴160万元，主要为发电上网补贴及处理病死猪补贴。以生猪粪污有机质含量约为20.4%计，则$q=4.08$万t，$R=41.8$元/t，$s=39.2$元/t。该沼气工程设计使用寿命为20年，$F=429.2$万元。根据江西省环保部门2015年对省内325个规模养猪场调研结果，仅有20%左右的规模养猪场采用了先进技术和有效的废弃物管理处理模式，满足达标排放要求，取$\lambda=0.2$。其他参数设定如下：$C=1$万元，$t=2.5$万t，$d=2\ 000$元/万t，$M=4$万元，$P=0.5$。该项目为环保新能源项目，享受新余市税收免税政策。本节采用Vensim软件构建企业、政府博弈系统系统动力学流率入树模型并进行仿真分析。依据流率入树基本原理，可将演化博弈动态复制系统中任意微分方程：

$$\begin{cases} R_1(t) = \dfrac{\mathrm{d}P_1}{\mathrm{d}t} = f_1\big[P_1(t), P_2(t), \cdots, P_n(t), e_1(t), e_2(t), \cdots, e_m(t)\big] \\[2mm] R_2(t) = \dfrac{\mathrm{d}P_2}{\mathrm{d}t} = f_2\big[P_1(t), P_2(t), \cdots, P_n(t), e_1(t), e_2(t), \cdots, e_m(t)\big] \\ \qquad\qquad\qquad\qquad\qquad \vdots \\ R_n(t) = \dfrac{\mathrm{d}P_n}{\mathrm{d}t} = f_n\big[P_1(t), P_2(t), \cdots, P_n(t), e_1(t), e_2(t), \cdots, e_m(t)\big] \end{cases}$$

均可视为以流率变量 $R_n(t) = \dfrac{\mathrm{d}P_n}{\mathrm{d}t}$ 为根，以流位变量 $P_n(t)$ 为尾，且流位变量和外生变量直接控制流率变量的流率基本入树模型，则该演化博弈流位流率系即为：

$$\{[P_1(t), R_1(t)], [P_2(t), R_2(t)], [P_n(t), R_n(t)]\}$$

建立式（6-20）流率入树模型如下：

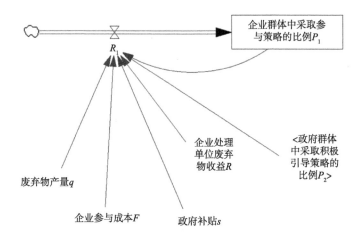

（a）未优化下的企业策略选择流率入树模型

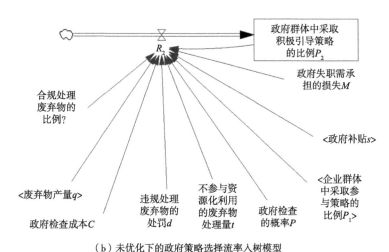

（b）未优化下的政府策略选择流率入树模型

图6-2　未优化下的企业、政府策略选择流率入树模型

（1）政府补贴s=39.2元/t，此时$q（R+s）-F<0$，由结论五知，满足情形1的条件，正合公司、政府博弈系统将收敛于演化稳定策略（0，1），见图6-3。这表明，当前政府给予正合公司的补贴标准较低，罗坊镇大型沼气工程项目净收益为负，该沼气工程项目难以长期稳定运营。

（2）在政府补贴s=39.2元/t的基础上提高一倍，即s=78.4元/t，此时$qR-F<0$且$q（R+s）-F>0$，由结论五知，满足情形2的条件，正合公司、政府博弈系统不存在演化稳定策略，两方博弈过程呈现周期性变化，罗坊镇大型沼气工程项目运营的稳定性处于波动状态，见图6-4。

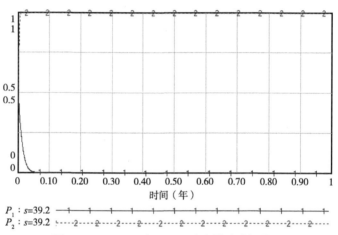

图6-3　s=39.2正合公司、政府策略选择曲线

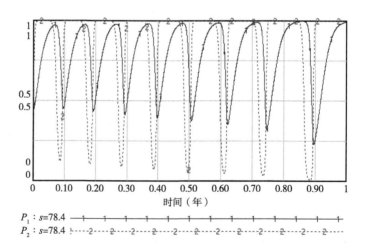

图6-4　s=78.4正合公司、政府策略选择曲线

（3）针对图6-4中正合公司、政府博弈过程的波动，采用固定下限—调整上限的补贴动态调整机制进行优化，式（6-23）对应的流率入树模型见图6-5。

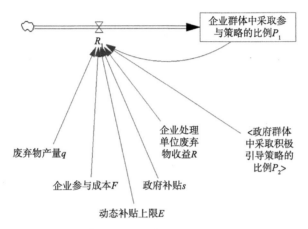

（a）固定下限—调整上限补贴优化下的企业策略选择流率入树模型

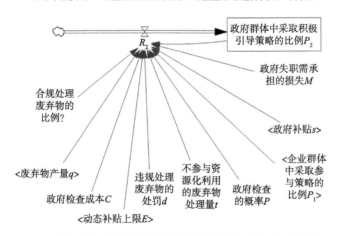

（b）固定下限—调整上限补贴优化下的政府策略选择流率入树模型

图6-5　固定下限—调整上限补贴优化下的企业、政府策略选择流率入树模型

将动态补贴上限E分别取值19.6元/t、14.7元/t、9.8元/t。由图6-6、图6-7可以看出，固定下限—调整上限的补贴动态调整机制可以抑制图6-4中的波动。随着E的减小，正合公司选择参与的意愿及政府选择积极引导的意愿都有所提高，该大型沼气工程项目运营的稳定性逐步提升。但是，

随着动态补贴上限 E 的减小，正合公司、政府博弈过程的波动逐步变大、收敛于稳定状态的时间逐步变长，一定程度上加大了政府的管理难度，加重了资源的无效配置。故当实施固定下限—调整上限补贴动态调整时，需根据需求确定一个合适的动态补贴上限。

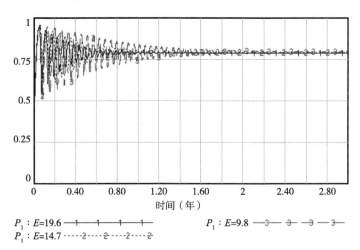

P_1: E=19.6 —1— 1— 1— 1— P_1: E=9.8 —3— 3— 3— 3—
P_1: E=14.7 ----2---- 2---- 2---- 2--

图6-6　不同 E 取值下正合公司策略选择曲线

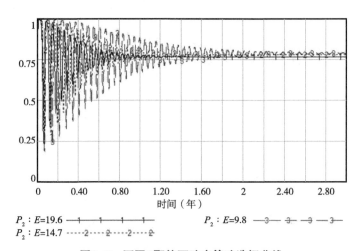

P_2: E=19.6 —1— 1— 1— 1— P_2: E=9.8 —3— 3— 3— 3—
P_2: E=14.7 ----2---- 2---- 2---- 2--

图6-7　不同 E 取值下政府策略选择曲线

（4）采用固定上限—调整下限的补贴动态调整机制对图6-4中正合公司、政府博弈过程的波动进行优化，则式（6-28）对应的流率入树模型见图6-8。

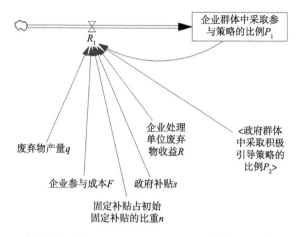

（a）固定上限—调整下限补贴优化下的企业策略选择流率入树模型

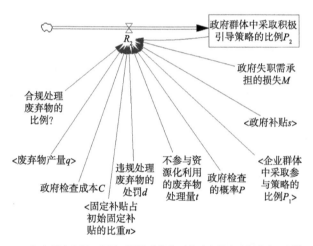

（b）固定上限—调整下限补贴优化下的政府策略选择流率入树模型

图6-8 固定上限—调整下限补贴优化下的企业、政府策略选择流率入树模型

根据限制条件 $n \in (\dfrac{F-qR}{qs}, 1)$ 可得 $n \in$（0.81，1），分别取0.91、0.88、0.85，由图6-9、图6-10可以看出，在固定上限—调整下限的补贴动态调整机制作用下，图6-4中正合公司、政府博弈过程中的波动得到了抑制。随着 n 取值的降低，一方面，正合公司参与的意愿和政府积极引导的意愿都逐步提升，该大型沼气工程项目运营的稳定性逐步提升，另一方面，波动过程中的波动幅度有所降低，收敛速度也有所加快，这表明，当废弃物处理量充足稳定时，降低静态补贴额度、提高动态补贴额度有助于该大型沼气工程项目的稳定运营。

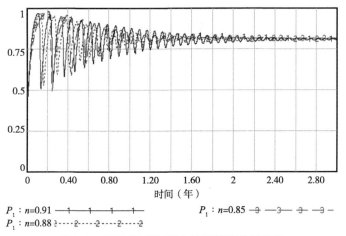

P_1：n=0.91 ——1——1——1——1—— P_1：n=0.85 —3——3——3——3—
P_1：n=0.88 -2----2----2----2-

图6-9 不同n取值下正合公司策略选择曲线

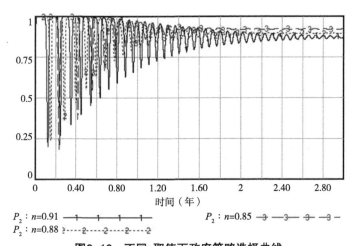

P_2：n=0.91 ——1——1——1——1—— P_2：n=0.85 —3——3——3——3—
P_2：n=0.88 -2----2----2----2-

图6-10 不同n取值下政府策略选择曲线

（5）当废弃物处理量不充足时，将废弃物处理量降低10%，即 q=3.672万t，此时满足条件 $\dfrac{F}{R+s}<q<\dfrac{F}{R+ns}$；将废弃物处理量降低20%，即 q=3.264万t，此时满足条件 $q<\dfrac{F}{R+s}$。由结论八可知，当 q=3.264万t时，固定上限—调整下限的补贴动态调整机制无法优化正合公

司、政府博弈过程中的波动。由于废弃物处理量降低导致正合公司的收益和补贴都有所下降，正合公司参与资源化利用的意愿大幅降低，而政府补贴支出有所降低，积极引导的意愿加强。当废弃物处理量低至3.264万t时，此时正合公司净收益为负，不参与资源化利用是正合公司的最优策略，见图6-11、图6-12。

当q=3.264万t时，由结论八可知，只要确定一个合适的动态补贴上限E使$\dfrac{F}{R+s^*}<q<\dfrac{F}{R+s}$条件成立，固定上限—调整下限的动态补贴方式可以优化正合公司、政府博弈过程中的波动。设定动态补贴上限E=14.7元/t，随着废弃物处理量的降低，正和公司选择参与的意愿也在降低，但是即使废弃物处理量降低20%，固定下限—调整上限的补贴动态调整机制也可以对正和公司企业博弈系统进行优化，使该大型沼气工程项目的运营保持一定的稳定性，见图6-13、图6-14。相比于固定上限—调整下限的补贴动态调整机制，固定下限—调整上限的补贴动态调整机制下的罗坊镇大型沼气工程项目能够承受更大程度上的废弃物处理量的波动，当废弃物处理量降低20%时具有更强的稳定性。

参与罗坊镇大型沼气工程项目的生猪养殖场均为中小养殖规模，市场风险抵御能力弱，养殖规模易受到生猪市场波动的影响，而养殖规模决定了废弃物供应量，因此，固定下限—提高上限的补贴动态调整机制能更好地帮助该项目走出废弃物供应量降低的困境。

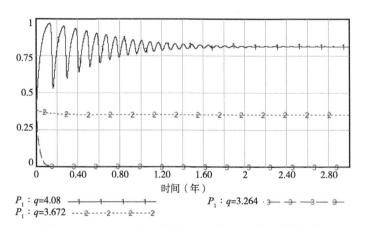

图6-11　n=0.88时不同q取值下正合公司策略选择曲线

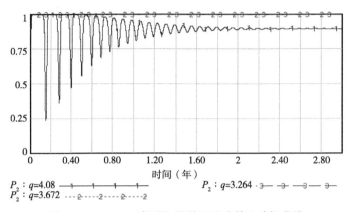

P_2: q=4.08 ————1———1———1—— P_2: q=3.264 ·3— —3— —3— —3

P_2: q=3.672 ——2----2----2----2

图6-12　　n=0.88时不同q取值下政府策略选择曲线

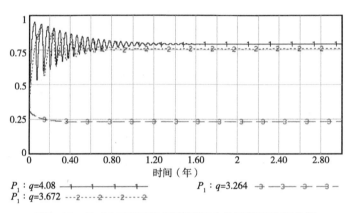

P_1: q=4.08 ————1———1———1—— P_1: q=3.264 —3— —3— —3— —3—

P_1: q=3.672 ——2----2----2----2

图6-13　　E=14.7时不同q取值下正合公司策略选择曲线

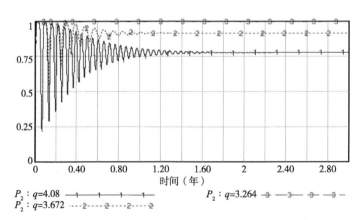

P_2: q=4.08 ————1———1———1—— P_2: q=3.264 —3— —3— —3— —3—

P_2: q=3.672 ----2----2----2----2

图6-14　　E=14.7时不同q取值下政府策略选择曲线

（6）在其他参数取值不变的情况下，仅调整λ取值或者t取值，正合公司参与意愿与政府积极引导意愿变化情况见图6-15至图6-18。新余市中小规模养殖场在不参与农业废弃物资源化利用模式时，主要是采取"种养结合"模式消纳养殖废弃物，即将废弃物经沼气池发酵后还田。在作物类型、耕种面积等条件都不变的情况下，生猪养殖场废弃物处理量t主要受到季节交替的影响，这是由于季节交替影响农作物生长周期，而农作物生长周期决定了各季节内废弃物消纳量。在生猪养殖场废弃物处理量较低的季节，政府环保压力加大，选择积极引导策略的意愿较高，正合公司选择参与资源化利用的意愿也较高。

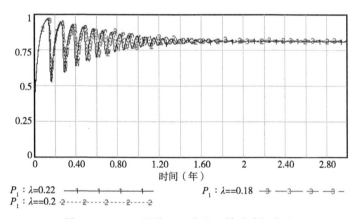

$P_1：\lambda=0.22$ ——1——1——1——1——
$P_1：\lambda==0.2$ --2--2--2--2--
$P_1：\lambda==0.18$ -3——3——3——3——

图6-15　不同λ取值下正合公司策略选择曲线

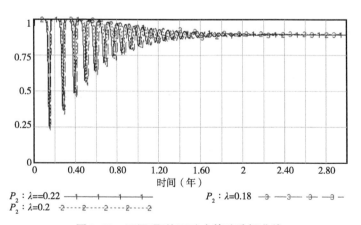

$P_2：\lambda==0.22$ ——1——1——1——1——
$P_2：\lambda=0.2$ --2--2--2--2--
$P_2：\lambda=0.18$ -3——3——3——3——

图6-16　不同λ取值下政府策略选择曲线

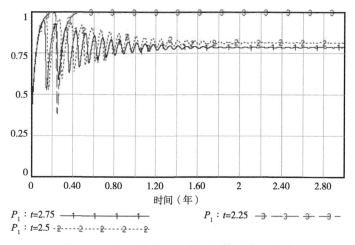

$P_1: t=2.75$ —— $P_1: t=2.25$ —3—3—3—
$P_1: t=2.5$ -2--2--2--2-

图6-17 不同 *t* 取值下正合公司策略选择曲线

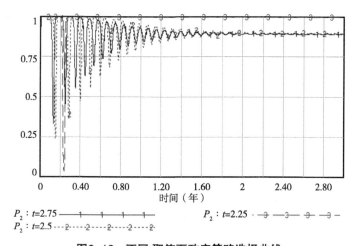

$P_2: t=2.75$ ——— $P_2: t=2.25$ ·-3—3—3—
$P_2: t=2.5$ -2--2--2--2-

图6-18 不同 *t* 取值下政府策略选择曲线

从图6-11至图6-18可以看出，不同参数变化下，两方策略选择均出现不同幅度的变化，为了研究影响两方策略选择的敏感因素，下面进行参数的局部灵敏度分析。在考虑参数可能的取值区间及变化趋势下，将参数进行如下调整：分别将 *q* 降低10%，*t*、*P*、*d*、*λ* 增大10%。两种补贴动态调整下参数灵敏度系数如表6-11。

表6-11　两种补贴动态调整机制下参数灵敏度系数表

参数		q	t	P	d	λ
灵敏度系数	P_1^*	0.044	−0.039	0.020	0.020	−0.005
	P_2^*	−0.177	−0.006	0.003	0.003	−0.001
	P_1^{**}	0.567	−0.034	0.018	0.018	−0.005
	P_2^{**}	−0.116	−0.004	0.002	0.002	−0.001

　　在两种补贴动态调整机制下，对正合公司参与资源化利用意愿、政府积极引导意愿的影响最大的参数是企业废弃物处理量q，其次是养殖场不参与该项目时废弃物处理量t，而新余市政府对不参与该项目的生猪养殖场废弃物处理检查的强度及对违规处理废弃物的处罚力度的影响较小。当废弃物供应量降低10%时，P_1^{**}的参数灵敏度远大于P_1^*的参数灵敏度，这进一步验证了该项目更适合实施固定下限—调整上限的补贴动态调整机制。针对季节交替影响废弃物处理量，上级政府应在种养结合处理废弃物量较高的季节，加强对地方环保工作及罗坊镇大型沼气工程项目运营状况的检查，督促新余市政府积极引导、提升该大型沼气工程项目运营的稳定性。

本章小结

　　为了进一步推动秸秆综合利用，考虑离田与还田两种利用途径，构建"农户+中间商+加工厂"收储运博弈模型，重点研究了政府对中间商实施秸秆离田补贴对各方的影响，并以江西省秸秆综合利用为例进行了算例分析，得出以下结论：①提高秸秆离田补贴有利于提高秸秆离田量、加工厂收益、中间商收益、农户收益；②在秸秆还田补贴力度不变的条件下，适度提高秸秆离田补贴可以不增加政府补贴支出，又可以实现加工厂收益、中间商收益、农户收益、秸秆离田量、社会总福利的提升；③秸秆离田补贴并非越高越好，秸秆离田存在最优的经济规模，随着秸秆离田补贴的提高，政府补贴支出呈现先减少后增加的变化趋势，社会总福利的变化趋势与之相反。

构建农业废弃物治理企业与地方政府两方演化博弈模型，探究政府补贴对农业废弃物资源化利用模式运营稳定性影响。对演化稳定策略分析表明提高政府补贴力度是必要的，但仅提高政府补贴力度不足以促使资源化利用模式长期稳定运营，还需对政府补贴力度进行适时调整，进而提出固定下限—调整上限及固定上限—调整下限两种补贴动态调整机制，并分析了两种调整机制的适用性。最后以新余市罗坊镇大型沼气工程项目为例进行案例分析，通过局部灵敏度分析识别出补贴动态调整机制下该项目运营稳定性的关键影响因素。

第七章　研究成果、政策建议与研究展望

7

　　本书分别梳理了养殖废弃物、秸秆等农业废弃物的发展现状，明确了相关政策法规，在界定农业废弃物资源化利用系统各要素基础上，厘清各主体的收益成本函数，考虑各种废弃物自身的特征，分别针对两种养殖废弃物资源化利用合作模式的适用性、秸秆资源化利用产业链协调机制优化设计、季节交替及天气变化等不可抗拒因素对农业废弃物资源化利用产业链稳定性的影响、秸秆资源化利用过程的不同形式的政府补贴优化设计这四大热点问题进行了建模分析，为引导农业废弃物资源化利用产业链走上种养结合、农牧循环，全环节增效、全链条增值的协同发展轨道提供理论参考与决策依据。

第一节　研究成果

　　沼液有机肥合作开发能否实现依赖于养殖场和资源化利用企业这两个参与主体的策略选择。基于此，本书构建了养殖场群体和资源化利用企业群体交互作用的演化博弈模型，研究如何引导双方积极推进沼液有机肥合作开发的实现，得到如下成果。

　　一是通过分析得出了沼液有机肥合作开发的前提条件。由于生产沼液有机肥的经济回报不如其他类型有机肥，因此，应保障在考虑生产沼液有机肥带来的机会成本的条件下，资源化利用企业仍有利可图。然而在满足该前提条件下，沼液有机肥合作开发模式的系统演化仍有可能锁定于"不良"状态，即（不合作，不合作），通过参数调节可以帮助系统演化跳出"不良"锁定状态。

　　二是参数分析表明，①沼液有机肥合作开发付出的信息搜寻成本的

降低、政府对沼液有机肥的补贴的增加均有利于系统演化跳出"不良"锁定状态；②养殖场沼液减量化处理不仅可以降低沼液有机肥生产成本，更重要的是可以降低高昂的沼液运输成本，有利于系统演化跳出"不良"锁定状态；③养殖场通过偷排沼液等负外部性方式降低过量沼液的处理成本，将不利于系统演化跳出"不良"锁定状态；④养殖场土地资源禀赋与其参与沼液有机肥合作开发意愿成反比，养殖规模与其参与沼液有机肥合作开发意愿成正比，资源化利用企业生产沼液有机肥的机会成本与其参与沼液有机肥合作开发意愿成反比。

从系统稳定性的视角，采用演化博弈方法，通过对猪粪尿资源化利用博弈模型均衡点的稳定性分析可知：①受农业废弃物污染和资源双重属性的影响，收费和收购模式均具有一定的适用性，在不同条件下，存在仅收费或收购的单一交易模式以及收费与收购并存的混合交易模式；②在混合交易模式中，收费与收购模式的稳定性存在此消彼长的反向变化关系，受农业废弃物中不可回收物占比的影响，收费模式与收购模式之间存在模式转换的临界点；③针对混合交易模式中的收费与收购模式，分别得出了每种模式下的最优定价表达式。

补贴退坡、原料市场价格升高、物流成本高等不利因素，使得农林生物质发电行业的发展陷入困境，通过加强供应链中各主体之间的协作，提升各主体收益，是促进供应链可持续发展的重要途径。构建发电厂和中间商构成的农林生物质发电供应链博弈模型，通过对分散式决策与集中式决策的对比，发现"中间商—发电厂"二级供应链存在双重边际效应，而基于中间商收集量激励的发电厂收益共享契约可以完全消除双重边际效应，实现帕累托最优。

农林生物质发电行业的发展面临着诸多困难。构建发电厂和中间商构成的农林生物质发电供应链博弈模型，通过对分散式决策与集中式决策的对比得到以下结论：①集中式决策下，中间商农林生物质收集量和供应链总收益总是优于分散式决策，通过Shapley值法可以对发电厂、中间商构成的二级供应链进行协调。②参数灵敏度分析表明，政府补贴标准、生物质密度是供应链总收益的关键影响因素；在其他参数取值不变的情况下，政府补贴标准、生物质密度降低对供应链各方面都会产生负面作用，但通过集中式决策可以一定程度上减弱负面作用的影响。

考虑天气因素，研究了秸秆资源化利用供应链中的运作问题，重点分析了制造商秸秆收购标准、天气、消费者偏好对供应链的影响，得出以下结论：制造商提高秸秆收购标准、天气的不利变化都会给秸秆资源化利用带来负面的影响；消费者对再制品的绿色偏好对秸秆资源化利用有全方位的激励作用；通过"收集量—收益共享"契约可有效避免双重边际效应，使供应链协调。

考虑季节因素，构建农业废弃物资源化利用演化博弈模型，分析双方参与策略选择，得到如下结论：①农业废弃物资源化利用的稳定性与养殖场违规处理废弃物成本正相关、与养殖场、资源化利用企业的参与成本负相关；②资源化利用企业向养殖场购买废弃物或是养殖场向资源化利用企业支付废弃物治理费用，价格的变动对资源化利用稳定性的影响都是随机的；③农业废弃物资源化利用稳定性受季节交替影响而存在两种周期性变化规律，但具体表现出何种变化规律取决于养殖场合规处理废弃物与违规处理废弃物成本之间的大小关系。

从社会总福利的视角探讨了如何制定秸秆离田补贴，并重点研究了政府财政预算约束下的离田补贴决策，得到如下研究成果：①秸秆还田补贴提高了农户收益，但对加工厂收益、中间商收益、秸秆离田量、社会总福利均无影响。提高秸秆离田补贴有利于提高秸秆离田量、加工厂收益、中间商收益、农户收益，是一项集环境保护、农户增收、秸秆利用产业化三大作用于一体的举措；②在秸秆还田补贴力度不变的情况下，适度提高秸秆离田补贴既可以不增加政府补贴总支出，又可以实现加工厂收益、中间商收益、农户收益、秸秆离田量、社会总福利的提升；③秸秆离田补贴并非越高越好，秸秆离田存在最优的经济规模。社会总福利随着秸秆离田补贴的提高呈现先增长后降低的变化趋势。过高的秸秆离田补贴虽提高了秸秆离田量，但也大大增加了政府的财政支出，导致社会总福利损失。江西省秸秆综合利用的算例也印证了该结论：当社会总福利达到最大时，江西省秸秆离田补贴为离田成本的71.9%，当财政支出最小时，离田补贴为离田成本的18.6%。这表明，仅依靠提高秸秆离田补贴对推动秸秆综合利用产业化的效果是有限的。

构建农业废弃物治理企业与地方政府两方演化博弈模型，探究政府补贴对农业废弃物资源化利用产业链运营稳定性影响。对演化稳定策略分析表明，①提高政府补贴力度是必要的，但仅提高政府补贴力度不足以促使资源化利用产业链长期稳定运营，还需对政府补贴力度进行适时调整。②提出固定下限—调整上限及固定上限—调整下限两种补贴动态调整机制。对比两种调整机制表明，固定上限—调整下限补贴动态调整机制下的产业链稳定性在农业废弃物供应量充足时较高，而固定下限—调整上限补贴动态调整机制下的产业链稳定性在农业废弃物供应量不足时较高。③进一步的参数分析表明，产业链稳定性与不参与资源化利用的农业生产主体中合规处理废弃物的比例及废弃物处理量成反比，与政府对不参与资源化利用的农业生产主体废弃物处理检查强度、违规处理废弃物的处罚力度成正比。

第二节　政策建议

一是在沼液有机肥资源化利用模式中，建议地方政府应适当提升对沼液有机肥的补贴力度；为进一步推进沼液有机肥的使用，相关部门应大力促进沼液有机肥使用快速普及，落实中央关于健全生态保护补偿机制的有关要求，相关部门应制定鼓励和引导农民施用沼液有机肥的补助政策，更多的沼液有机肥使用补贴政策，让有机肥逐步被市场所接受，助力有机肥的普及。

有机肥的产业化发展有利于更好地管理有机肥市场，有利于提高产品的科技水平，减少资源浪费和环境污染。有机肥市场政策的不成熟是阻碍有机肥产业化发展的重要因素。虽然国家已经出台了一些免税和补贴政策，但是企业对有机肥行业的具体产业政策寄予了更多的期待。政府可加大有机肥在运输、能源、税收等方面的支持，对有机肥和化肥实施同等运价，扩大商品有机肥的运输半径，并将以畜禽粪污为主要原料生产的有机肥纳入测土配方施肥和安全农产品生产中去推广。

按照习近平总书记在中央财经领导小组第十四次会议上的重要讲话精神和《国务院办公厅关于加快推进畜禽养殖废弃物资源化利用的意见》文件要求，农业农村部畜牧兽医局会同全国畜牧总站组织开发了养殖场直联直报信息平台，有力推动了畜禽粪污资源化利用工作进展。该平台整合了畜牧业信息即时采集上报系统、畜禽规模养殖场信息云平台两大畜牧业统计监测系统的功能，实现了集养殖场备案管理、生产效益监测、价格监测、畜禽粪污资源化利用监测、畜牧信息发布、绩效考核、信息统计监测分析和预警等应用于一体的目标，达到了统一管理、分级使用、共享直联的总目标。作为畜禽粪污资源化利用监测进入信息化时代的重要标志，该平台的成功上线，对提高畜牧业统计监测水平，加强畜禽粪污资源化利用监测有重大意义，为推进畜牧业统计监测平台实质性整合打下了坚实基础。在沼液有机肥资源化利用模式中，建议地方政府应借鉴该方式，会同技术部门开放信息平台，建立合作规范准则，为养殖场和资源化利用企业的合作提供信息支持以及在合作中做好协调工作，促进养殖场和资源化利用企业更好地合作。

积极推进养殖场沼液减量化技术的研发与推广，例如高架网床技术，可大幅减少冲栏水的使用量从而减少85%的沼液量，进而降低沼液有机肥的生产成本和沼液运输成本，尤其是对降低运输成本效果显著。因此，相比于优化沼液运输工具与运输方式，沼液减量化处理从沼液产生源头入手控制沼液产量，应是更行之有效的降低沼液运输成本的途径。加快沼液利用技术集成推广，集成一批沼液利用模式，针对不同沼液含肥量波动较大的实际，研究沼液有效成分快速测定技术，指导用户按标准施用，实现配方施肥。持续跟踪沼液施用对作物生长、农产品品质、土壤理化性状等影响，加快环保型饲料推广，进一步落实重金属、抗生素等管控措施。

提高规模养殖企业偷排处理沼液的单位成本，一方面应加强对养殖企业排污的监督工作，及时发现规模养殖企业的沼液偷排行为，减少沼液偷排等违法违规行为的发生，另一方面对规模养殖企业的偷排行为严格惩处。此外，还应逐步将规模养殖企业偷排处理沼液的单位成本提升至高于种养结合处理沼液的单位成本，从而促使资源禀赋差、难以通过种养结合消纳沼液的养殖企业加入沼液有机肥合作开发模式中。

有选择地吸纳养殖场和资源化利用企业加入沼液有机肥合作开发模式中，应优先考虑沼液有机肥合作开发意愿较高的养殖场和资源化利用企业，形成示范效应，进而逐步引导其他养殖场和资源化利用企业加入，例如生物资源化利用企业以及已经具备沼液有机肥生产能力的资源化利用企业，这类企业生产沼液有机肥机会成本较低，参与意愿高，以及养殖规模较大、土地资源禀赋较差的养殖场，如拥有土地面积少、土壤类型不利于消纳沼液的大型养殖场。

二是在猪粪尿资源化利用模式中，对于资源化利用企业而言，一方面应选择合理的农业废弃物资源化利用模式，另一方面实施差异化的收费价格策略以及差异化的收购价格策略，从而吸引更多不同减量化生产水平的养殖场加入资源化利用。对于政府而言，要加强对养殖场废弃物处理的监管，也要提升资源化利用企业的收益，避免农业废弃物资源化利用陷入仅能选择收费或者收购的被动局面。另外，要审查资源化利用模式、废弃物市场价格是否合理，必要时采取废弃物价格补贴，通过加强对低减量化水平的养殖场的激励，促使其逐步转向高水平减量化生产。

三是政府应通过发电厂和中间商之间合理的利益分配来积极引导供应链的协调运作，从而引导农林生物质发电供应链逐步走出补贴退坡、生物质原料市场价格升高带来的困境。在当前补贴退坡的大背景下，仅靠发电厂或者收集商一个参与方，很难走出成本大于收益、入不敷出的经营困境，所以政府部门应积极的引导发电厂和中间商相互协作，使供应链持续健康的运转。

四是利益分配机制关系供应链上下游运行的稳定性，政府应尽快出台资源化利用企业与收集商的利益分配指导意见，明确双方责任，通过合理的利益分配来引导供应链的协调运作，进一步提升供应链整体绩效，从而平稳渡过补贴退坡、生物质波动带来的影响；政府应积极推动秸秆发电产业链上下游利益分配机制的实施，并做好协调工作，保障各方利益，推动发电厂和中间商的合作，以应对补贴退坡带来的挑战。在实施补贴退坡政策时，应注意平稳过渡，给发电厂和中间商应对的时间，注重建立健全生物质原料应急机制，应对恶劣气候等因素造成作物减产进而导致生物质密度不足的问题。

五是如何提高秸秆综合利用率无法依靠农民自身进行解决，只有通过加大投入、创新机制、项目带动、技术支撑等多措并举，才能建立起秸秆综合利用的长效机制。加大财税支持力度，引导秸秆转化企业做大做强。帮助与科研机构对接，提供技术支持，提升秸秆利用率。有效开展银企对接，扩宽融资渠道，解决资金问题。完善财政补贴方式，对秸秆收集、转运等进行补贴，构建群众打捆收集、村组织堆放转运、镇集中处理、县补贴补助的秸秆综合利用运行体系，确保秸秆需求量。积极开展秸秆回收农民补贴的试点工作，每亩给予一定的补贴和奖励，开创一条政府引导、企业主体、群众参与的秸秆回收再利用的新路径。

资源化利用企业应参照国家标准、行业标准，合理设定秸秆收购价格，同时，政府应加强监督，着力督促资源化利用企业设定合理的秸秆收购标准，抑制资源化利用企业盲目提高秸秆收购标准，特别要注意"拒收"现象的发生。政府可以采取鼓励和补贴的方法，避免资源化利用企业不合理的价格操作现象的发生。在秸秆的资源化利用中，天气的变化是一个十分重要的因素，应针对天气的不利变化，制定针对性的扶持政策，抵消不利天气给秸秆资源化利用供应链带来的整体绩效的负面影响。

通过宣传引导，着力提升消费者对秸秆再制品的偏好，推动秸秆资源化利用供应链整体绩效的提升。加强宣传引导。充分利用广播、电视、报纸、网络、手机App等传播平台，宣传解读相关政策，发挥新闻媒体的舆论导向作用，大力宣传秸秆综合利用的重要意义、政策法规和典型经验，营造良好社会氛围，提高企业、农民等主体参与秸秆综合利用的主动性和积极性。加强亮点挖掘，树立、宣传一批典型，增强辐射带动效应。组织各市县和相关企业赴外省考察、鼓励各县区之间进行交流学习，共享秸秆利用的先进做法和经验。

六是对于加入资源化利用的养殖场，也不能放松监管，通过提高养殖场违规处理废弃物成本，强化养殖场参与废弃物资源化利用的意愿；养殖场是养殖污染治理和畜禽粪污资源化利用的关键主体，如果养殖场没有压力、没有动力参与到治理和资源化利用工作中，废弃物治理和资源化利用的效果势必大打折扣。政府应一手抓执法监管，一手抓节本帮扶，"严管"和"厚爱"相结合，有效提升养殖场参与治理和资源化利用的自觉性和主动性。

进一步降低双方的参与成本，例如完善农业废弃物资源化利用的法律法规，建立农业废弃物资源化利用的通用标准，对引领和推进农业废弃物综合利用具有重要意义，有利于减轻农业废弃物对环境的污染，用以指导中国农业废弃物资源化利用行为，提升农业废弃物综合利用能力和水平，明确养殖场和资源化利用企业的权责界定，通过监督、绩效考核等综合措施，进一步压实养殖场和资源化利用企业主体，健全工作机制。

严格管控废弃物处理价格或者废弃物购买价格，避免价格过大波动导致养殖场或者资源化利用企业参与意愿降低；受季节交替影响，农业废弃物资源化利用稳定性存在两种周期性变化规律。该变化规律有助于政府识别出资源化利用稳定性较低的季节，进而制定具有针对性的短期政策，例如针对低稳定性季节开展短期财政补贴以及废弃物处理专项整治活动。政府需要将常规性的长期政策与针对性的短期政策相结合，利用组合政策推动农业废弃物资源化利用的长期稳定运营。

七是从长远来看，建议各地政府应逐步将"还田补贴"转变为"离田补贴"，更加重视发挥秸秆离田在秸秆资源化利用中的重要作用。秸秆离田为饲料化、能源化、基料化、肥料化和原料化利用奠定了坚实的基础，减轻还田带来的压力，可以引进高质量的秸秆离田农机装备，促进形成秸秆收集、捡拾、打捆、青贮、装载、清运和收储等一系列技术路线和生产模式，充分发挥好农业机械化技术和装备的支撑作用。从短期来看，尤其是在经济发展受新冠疫情影响的背景下，建议地方政府仍可以在保持还田补贴力度不变的前提下，通过制定合理的离田补贴标准，既能够满足地方财政资金的约束，又可以实现秸秆综合利用中财政补贴效率的提升。但是，仅依靠提高秸秆离田补贴对推动秸秆综合利用产业化的效果是有限的，建议地方政府不应为了快速实现秸秆离田的目标而制定过高的补贴标准，而是应通过完善政策体系，实施多方位的政策扶持。

八是固定上限—调整下限补贴动态调整机制能够更好地节约政府补贴支出，提升政府的扶持意愿，进而提高企业的参与意愿，使得农业废弃物资源化利用模式稳定性更高，但受废弃物供应量波动的影响较大，固定下限—调整上限补贴动态调整机制下的模式稳定性恰好与之相反。建议根据农业生产主体生产类型选择合适的补贴动态调整机制。

农业废弃物的供应量关系资源化利用企业的日常经营，如果供应量波动剧烈，会导致经营的稳定性，造成一定的损失，进一步造成资源化利用企业的退出，因此，在正常的市场行为之外，政府还可以利用行政手段来进行多方协调，稳定农业废弃物供应，保障资源化利用企业的正常生产运营。

第三节　研究展望

在全书的研究工作中，受制于数据可获得性等方面的原因，本书也存在不足之处，有待进一步的研究。

在第三章农业废弃物资源化利用合作模式中，仅进行了博弈分析，由于缺乏相关数据，未进行数值上的仿真，无法进行直观上的展示和分析。

在第四章农业废弃物资源化利用产业链稳定性分析中，考虑了季节变动的影响因素，探讨了"收集人+制造商"的二级供应链的稳定性，但是对于制造商的秸秆"拒收"现象未深入考虑，这是本书的不足之处。

在本书中，针对养殖废弃物资源化利用模式、农林生物质发电供应链协调、农业废弃物资源化利用产业链稳定性、农业废弃物资源化利用补贴方案这4个当前资源化利用中的热点问题，分别进行了定量分析，但未区分高值资源化利用与低值资源化利用。利润低下是当前农业废弃物资源化利用的瓶颈，如何引导农业废弃物从低值资源化利用向高值转变，是关乎农业废弃物资源化利用产业链高质量发展的值得研究的重要问题。

R 参考文献

eferences

阿林·杨格，贾根良，1996. 报酬递增与经济进步[J]. 经济社会体制比较
　（2）：52-57.

巴克利，卡森，2005. 跨国公司的未来[M]. 北京：中国金融出版社.

白晓凤，李子富，程世昆，等，2014. 我国大中型沼气工程沼液资源化利用
　SWOT-PEST分析[J]. 环境工程（6）：153-156.

蔡德华，1992. 庭院食用菌栽培技术[M]. 北京：农村读物出版社.

曹海旺，窦迅，薛朝改，等，2017. 政府激励下秸秆发电供应链的演化博弈
　模型与分析[J]. 运筹与管理，26（1）：89-95.

曹汝坤，陈灏，赵玉柱，2015. 沼液资源化利用现状与新技术展望[J]. 中国
　沼气，33（2）：42-50.

陈超，阮志勇，吴进，等，2013. 规模化沼气工程沼液综合处理与利用的研
　究进展[J]. 中国沼气，31（1）：25-28，43.

陈军，程敏，曾卓，2019. 创新农业PPP模式推广应用路径的思考——基于
　潜江市农业废弃物资源化利用的启示[J]. 农村经济（4）：116-121.

崔文静，李施雨，李国学，等，2021. 基于沼液浓缩的液态有机肥利用现状
　与展望[J]. 农业环境科学学报，40（11）：2482-2493.

戴骥，葛琼，2009. 规模经济问题的文献综述[J]. 经济师（1）：52-53.

范敏，2016. 基于碳减排的农村沼气供应链构建与定价策略研究[D]. 南昌：
　南昌大学.

范战平，2015. 论我国环境污染第三方治理机制构建的困境及对策[J]. 郑州大学学报（哲学社会科学版），48（2）：41-44.

方博亮，孟昭莉，2013. 管理经济学（第四版）[M]. 北京：中国人民大学出版社.

光辉，2014. 我国建筑业可持续发展系统评价与仿真研究[D]. 南京：南京林业大学.

郭志达，丹颖，毕钟元，2019. 农业废弃物第三方治理显性激励研究：委托代理理论视角[J]. 农业经济与管理（4）：37-44.

韩敏，刘克锋，高程远，2013. 沼液无害化处理和资源化利用文献综述[C]. // 中国环境科学学会. 中国环境科学学会学术年会论文集. 北京：中国环境科学出版社.

何可，张俊飚，2014. 农业废弃物资源化的生态价值：基于新生代农民与上一代农民支付意愿的比较分析[J]. 中国农村经济（5）：62-73，85.

何可，张俊飚，丰军辉，2014. 基于条件价值评估法（CVM）的农业废弃物污染防控非市场价值研究[J]. 长江流域资源与环境，23（2）：213-219.

何元贵，2009. 中国汽车企业规模经济实证研究[D]. 广州：暨南大学.

黄华，丁慧平，2019. 燃煤电厂环境污染第三方治理研究[J]. 资源科学，41（2）：326-337.

贾丽，2017. 简述农村环境污染现状及治理对策[J]. 中小企业管理与科技（中旬刊）（1）：150-151.

贾仁安，2014. 组织管理系统动力学[M]. 北京：科学出版社.

兰婷，2019. 乡村振兴背景下农业面源污染多主体合作治理模式研究[J]. 农村经济（1）：8-14.

冷碧滨，2013. 生猪规模养殖与户用生物质资源合作开发系统反馈仿真研究[D]. 南昌：南昌大学.

冷碧滨，涂国平，贾仁安，等，2017. 系统动力学演化博弈流率基本入树模型的构建及应用——基于生猪规模养殖生态能源系统稳定性的反馈仿真[J]. 系统工程理论与实践，37（5）：1360-1372.

李翠英，毛寿龙，2018. 论中国环境污染第三方治理的结构性障碍[J]. 环境保护，46（23）：46-50.

李冉，沈贵银，金书秦，2015. 畜禽养殖污染防治的环境政策工具选择及运用[J]. 农村经济（6）：95-100.

李尚民，范建华，蒋一秀，等，2017. 鸡场废弃物资源化利用的主要模式[J]. 中国家禽，39（22）：67-69.

李文哲，徐名汉，李晶宇，2013. 畜禽养殖废弃物资源化利用技术发展分析[J]. 农业机械学报，44（5）：135-142.

李雪松，吴萍，曹婉吟，2016. 环境污染第三方治理的风险分析及制度保障[J]. 求索（2）：41-45.

李娅楠，林军，2015. 政府补贴政策对生物质利用率的影响——基于生物质供应链的视角[J]. 系统工程，33（9）：68-73.

梁康强，阎中，魏泉源，等，2012. 沼气工程沼液高值的利用研究[J]. 中国农学通报，28（32）：198-203.

刘畅，2017. 农村沼气能源开发路径研究[D]. 南昌：南昌大学.

刘超，2015. 管制、互动与环境污染第三方治理[J]. 中国人口·资源与环境，25（2）：96-104.

刘军，卓玉国，2016. PPP模式在环境污染治理中的运用研究[J]. 经济研究参考（33）：40-42.

刘宁，吴卫星，2016. "企企合作"模式下环境污染第三方治理民事侵权责任探究[J]. 南京工业大学学报（社会科学版），15（3）：61-68.

马克思，2004. 资本论（第1卷）[M]. 北京：人民出版社.

马歇尔，1964. 经济学原理.[M]. 北京：商务印书馆.

马歇尔，1981. 经济学原理[M]. 北京：商务印书馆.

倪娟，2016. 奥利弗·哈特对不完全契约理论的贡献——2016年度诺贝尔经济学奖得主学术贡献评价[J]. 经济学动态（10）：98-107.

彭靖，2009. 对我国农业废弃物资源化利用的思考[J]. 生态环境学报，18（2）：794-798.

钱德勒，1999. 企业规模经济和范围经济——工业资本主义的原动力[M]. 北京：中国社会科学出版社.

钱玉婷，张应鹏，杜静，等，2019. 江苏省秸秆综合利用途径利弊分析及收储运对策研究[J]. 农业工程学报，35（22）：154-160.

仇焕广，莫海霞，白军飞，等，2012. 中国农村畜禽粪便处理方式及其影响因素——基于五省调查数据的实证分析[J]. 中国农村经济（3）：78-87.

琼·罗宾逊，2012. 不完全竞争经济学[M]. 北京：华夏出版社.

斯拉法，1991. 用商品生产商品[M]. 北京：商务印书馆.

宋金波，宋丹荣，付亚楠，2015. 垃圾焚烧发电BOT项目收益的系统动力学模型[J]. 管理评论，27（3）：67-74.

苏世伟，陈妍，聂影，2017. 生物质燃料供应链物流成本的文献比较研究[J]. 江苏农业科学，45（15）：7-10.

檀勤良，邓艳明，赵建英，等，2016. 基于基金组织模式的生物质燃料供给研究[J]. 中国管理科学，24（9）：99-105.

檀勤良，潘昕昕，王瑞武，等，2017. 生物质发电供应链协同演化研究——基于山东省生物质发电厂的实证研究[J]. 中国农业大学学报，22（2）：190-196.

檀勤良，王瑞武，潘昕昕，等，2017. 模糊供给下生物质发电燃料供应链模式研究[J]. 中国软科学（2）：123-131.

檀勤良，王婷然，张一梅，等，2017. 多期生物质发电燃料供应链优化[J]. 工业技术经济，36（11）：21-28.

檀勤良，魏咏梅，李旭彦，等，2016. 生物质燃料供应链协同优化研究[J]. 中国科技论坛（10）：127-133.

唐绍均，魏雨. 环境污染第三方治理中的侵权责任界定[J/OL]. 重庆大学学报（社会科学版）：1-10. http://kns. cnki. net/kcms/detail/50. 1023. c. 20181009. 1616. 002. html.

陶善芳，2015. 浅析农作物秸秆机械化粉碎还田技术的优点和缺点[J]. 农业开发与装备（9）：103.

涂国平，张浩，2017. 我国大型养殖场沼气工程经济效益分析——以江西泰华牧业科技有限公司为例[J]. 中国沼气，35（4）：73-78.

涂国平，张浩，2018. 农户监督下的畜牧企业环境行为演化分析及动态优化[J]. 运筹与管理，27（1）：37-42.

汪丽婷，马友华，储茵，等，2010. 畜禽粪便废弃物处理与低碳技术应用[J]. 农业环境与发展（5）：57-60.

王翠霞，丁雄，贾仁安，等，2017. 农业废弃物第三方治理政府补贴政策效率的SD仿真[J]. 管理评论，29（11）：216-226.

王红彦，王飞，孙仁华，等，2016. 国外农作物秸秆利用政策法规综述及其经验启示[J]. 农业工程学报，32（16）：216-222.

王火根，黄弋华，张彩丽，2018. 畜禽养殖废弃物资源化利用困境及治理对策——基于江西新余第三方运行模式[J]. 中国沼气，36（5）：105-111.

王火根，王可奕，2020. 基于生命周期评价的生物质与煤炭发电综合成本核算[J]. 干旱区资源与环境，34（6）：56-61.

王丽娟，2010. 基于演化博弈理论的运营商与渠道商合作关系研究[D]. 北京：北京邮电大学.

王其藩，1994. 系统动力学[M]. 北京：清华大学出版社.

王其藩，2009. 高级系统动力学[M]. 上海：上海财经大学出版社.

王思如，杨大文，孙金华等，2021. 我国农业面源污染现状与特征分析[J]. 水资源保护，37（4）：140-147，172.

王亚飞，2011. 农业产业链纵向关系的治理研究[D]. 重庆：西南大学.

王祖力，王济民，2011. 利用畜禽粪便生产有机肥潜力巨大[J]. 中国猪业，5（7）：52-53.

威廉·配第，1981. 赋税论[M]. 载配第经济著作选[M]. 北京：商务印书馆.

吴飞龙，叶美锋，林代炎，2009. 沼液综合利用研究进展[J]. 能源与环境（1）：94-95，105.

吴军，张敏玉，尹文琦，等，2020. 秸秆发电供应链上游收集与采购合作契约设计[J]. 供应链管理，1（7）：78-87.

伍兰萍，2022. 关于循环农业的农作物秸秆资源化利用模式探讨[J]. 山西农经（1）：134-136.

肖萍，朱国华，2016. 农村环境污染第三方治理契约研究[J]. 农村经济（4）：104-108.

谢海燕，2014. 环境污染第三方治理实践及建议[J]. 宏观经济管理（12）：61-62，68.

熊彼特，1991. 经济分析史[M]. 北京：商务印书馆.

徐秉声，林翎，黄进，2017. 支撑环境污染第三方治理的标准体系构建研究[J]. 环境工程，35（7）：180-184.

薛朝改，王新凤，2018. 公平偏好对秸秆发电供应链决策的影响分析[J]. 江苏农业科学，46（10）：307-312.

亚当·斯密，2006. 国富论[M]. 北京：华夏出版社.

闫园园，李子富，程世昆，等，2013. 养殖场厌氧发酵沼液处理研究进展[J]. 中国沼气，31（5）：48-52.

严铠，刘仲妮，成鹏远，等，2019. 中国农业废弃物资源化利用现状及展望[J]. 农业展望，15（7）：62-65.

杨北桥，王明，金泽芳，2012. 宁夏明瑞农村新能源服务专业合作社沼液肥生产技术方法[J]. 中国沼气，30（2）：37-40.

杨思琦，马宁，2019. 林木生物质成型燃料供应链契约协调[J]. 林业经济，41（5）：96-101.

约翰·穆勒，1991. 政治经济学原理[M]. 北京：商务印书馆.

约瑟夫·派恩，大卫·安德森，1999. 21世纪企业竞争前沿：大规模定制模式下的敏捷产品开发[M]. 北京：机械工业出版社.

翟逸，李平，韦秀丽，等，2014. 不同作物、土壤类型和灌溉方式对沼液消纳能力的影响[J]. 西南农业学报，27（6）：2485-2488.

张得志，郭瑶微，张卓，2020. 基于Logist模型的生物质供应链集成优化[J]. 计算机应用研究，37（9）：2706-2710，2717.

张浩，2019. 生猪规模养殖企业环境行为演化分析[D]. 南昌：南昌大学.

张济建，刘宏笪，孙立成，等，2019. 双重破窗效应下考虑政府激励有限性的秸秆绿色处理协同机制[J]. 重庆理工大学学报（社会科学），33（6）：7-22.

张茜，李洋，王磊明，2017. 生物质能秸秆回收物流成本分析及测算[J]. 中国农业大学学报，22（12）：185-193.

张维迎，2004.博弈论与信息经济学[M].上海：上海人民出版社.

张诩，乔娟，沈鑫琪，2019.养殖废弃物治理经济绩效及其影响因素——基于北京市养殖场（户）视角[J].资源科学，41（7）：1250-1261.

张燕，2006.区域循环经济发展理论与实证研究[D].兰州：兰州大学.

赵俊伟，陈永福，尹昌斌，2019.生猪养殖粪污处理社会化服务的支付意愿与支付水平分析[J].华中农业大学学报（社会科学版）（4）：90-97，173-174.

赵丽琴，2011.基于外部性理论的城市地下空间安全管理问题研究[D].北京：中国矿业大学.

郑黄山，陈淑凤，孙小霞，等，2017.为什么"污染者付费原则"在农村难以执行?——南平养猪污染第三方治理中养猪户付费行为研究[J].中国生态农业学报，25（7）：1081-1089.

郑微微，沈贵银，2022.多元主体协同的农作物秸秆综合利用体系研究——基于稻麦轮作区域的典型案例分析[J].中国农业资源与区划（2）：173-179.

朱立志，2017.秸秆综合利用与秸秆产业发展[J].中国科学院院刊，32（10）：1125-1132.

ALLINGTON G R H, LI W, BROWN D G, 2017. Urbanization and environmental policy effects on the future availability of grazing resources on the Mongolian Plateau：Modeling social-environmental system dynamics[J]. Environmental Science & Policy, 68：35-46.

CHENG K H, LV F, 2019. Environmental Pollution Status Quo and Legal System of Third-Party Governance in Hebei Province, China[J]. Nature Environment and Pollution Technology, 18（1）：89-96.

FAN K, LI X N, WANG L, et al., 2019. Two-stage supply chain contract coordination of solid biomass fuel involving multiple suppliers[J]. Computers & Industrial Engineering, 135：1167-1174.

FEDERICA C, IDIANO D, MASSIMO G, 2019. An economic analysis of biogas-biomethane chain from animal residues in Italy[J]. Journal of Cleaner

Production, 230: 888-897.

FRIEDMAN D, 1991. Evolutionary games in economics[J]. Econometrica, 59 (3): 637-666.

FRIEDMAN D, 1998. On economic applications of evolutionary game theory[J]. Journal of Evolutionary Economics, 8 (1): 15-43.

GE Y T, LI L, YUN L X, 2020. Modeling and economic optimization of cellulosic biofuel supply chain considering multiple conversion pathways[J/OL]. Applied Energy, 281: 116059. https://doi. org/10. 1016/j. apenergy. 116059.

GUERRERO C, MORAL R, GÓMEZ I, et al., 2007. Microbial biomass and activity of an agricultural soil amended with the solid phase of pig slurries[J]. Bioresource Technology, 98 (17): 3259-3264.

JEAN A, OSVALDO J, ELECTO E, et al., 2019. An economic holistic feasibility assessment of centralized and decentralized biogas plants with mono-digestion and co-digestion systems[J]. Renewable Energy, 139: 40-51.

JIANG Z Z, HE N, XIAO L, 2019. Government subsidy provision in biomass energy supply chains[J]. Enterprise Information Systems, 13 (10): 1367-1391.

JIN M Z, LEI X, DU J, 2010. Evolutionary Game Theory in Multi-Objective Optimization Problem[J]. International Journal of Computational Intelligence Systems, 3 (4): 74-87.

KANNAN G, MIŁOSZ K, RONJA E, et al., 2019. Selection of a sustainable third-party reverse logistics provider based on the robustness analysis of an outranking graph kernel conducted with ELECTRE I and SMAA[J]. Omega, 85: 1-15.

KUCHENRICH R D, MARTIN W J, SMITH D G, et al., 1985. Designandop erationofanaeratedwindrowcompostingfacility[J]. Journalof the Water Pollution Control Federation, 57 (3): 213-219.

LIU D N, LIU M G, XIAO B W, 2020. Exploring biomass power generation's development under encouraged policies in China[J/OL]. Journal of Cleaner Production, 258: 120786. DOI: 10. 1016/J. JCLEPRO. 120786.

LIU Q, LIAO Z Y, GUO Q, et al., 2019. Effects of Short-Term Uncertainties on the Revenue Estimation of PPP Sewage Treatment Projects[J/OL]. Water, 11 (6): 1203. DOI: 10. 3390/W11061203.

LIU X M, ZENG M, 2017. Renewable energy investment risk evaluation model based on system dynamics[J]. Renewable and Sustainable Energy Reviews, 73: 782–788.

LUO K Y, ZHANG X P, TAN Q L, 2016. Novel role of rural official organization in the biomass-based power supply chain in China: a combined game theory and agent-based simulation approach[J]. Sustainability, 8 (8): 1–23.

LUO T, ZHU N M, SHEN F, 2016. A case study assessment of the suitability of small-scale biogas plants to the dispersed agricultural structure of China[J]. Waste and Biomass Valorization (7): 1131–1139.

MIAO S D, WANG T F, CHEN D Y, 2017. System dynamics research of remanufacturing closed-loop supply chain dominated by the third party[J]. Waste Management & Research, 35 (4): 379–386.

PATRICIA G, VINICIUS A S, MARCELO S N, et al., 2015. The challenge of selecting and evaluating third-party reverse logistics providers in a multicriteria perspective: a Brazilian case[J]. Journal of Cleaner Production, 96: 209–219.

PEU P, BRUGÈRE H, POURCHER A M, et al., 2006. Dynamics of a pig slurry microbial community during anaerobic storage and management[J]. Applied & Environmental Microbiology, 72 (5): 3578–3585.

PRAKASH C, BARUA M. K, 2016. A combined MCDM approach for evaluation and selection of third-party reverse logistics partner for Indian electronics industry[J]. Sustainable Production and Consumption, 7: 66–78.

RONALD H C, 1937. The nature of the firm[J]. Economic (11): 386–405.

SHENG J, XU Q, ZHU P, et al., 2016. Composition analysis of particles filtered from biogas slurry by sieves with different mesh for sprinkling irrigation[J]. Transactions of the Chinese Society of Agricultural Engineering，32（8）：212-216.

SIMON F，GIRARD A，KROTKI M，et al.，2020. Modelling and simulation of the wood biomass supply from the sustainable management of natural forests[J/OL]. Journal of Cleaner Production，282：124487. https://doi. org/10. 1016/j. jclepro. 124487.

SONG J B，SONG D R，ZHANG D L，2015. Modeling the Concession Period and Subsidy for BOT Waste-to-Energy Incineration Projects[J]. Journal of Construction Engineering and Management，141（10）. DOI：10. 1061/（ASCE）CO. 1943-7862. 0001005.

STEININGER K W，VORABERGER H，2003. Exploiting the medium term biomass energy potentials in Austria[J]. Environmental and Resource Economics，24（4）：359-377.

WANG B，DONG F Q，CHEN M J，et al.，2016. Advances in recycling and utilization of agricultural wastes in China：based on environmental risk，crucial pathways，influencing factors，policy mechanism[J]. Procedia Environmental Sciences，31：12-17.

WANG L G，ZHANG X Q，2017. Critical Risk Factors in PPP Waste-to-Energy Incineration Projects[J]. International Journal of Architecture，Engineering and Construction，6（2）：55-69.

WANG Q，DOGOT T，HUANG X，et al.，2020. Coupling of rural energy structure and straw utilization：based on cases in hebei，China[J/OL]. Sustainability，12（3）：983. https://doi. org/10. 3390/su12030983.

WANG Q，DOGOT T，WU G S，et al.，2019. Residents' willingness for centralized biogas production in hebei and shandong provinces[J/OL]. Sustainability，11（24）：7175. https://doi. org/10. 3390/su11247175 .

WANG Z W，WANG Z F，TAHIR N，et al.，2020. Study of synergetic development in straw power supply chain：Straw price and government subsidy as incentive[J/OL]. Energy Policy，146：111788. DOI：10. 1016/J.

ENPOL. 2020. 111788.

WEI J P, LIANG G F, ALEX J, et al., 2020. Research progress of energy utilization of agricultural waste in China: bibliometric analysis by citespace[J/OL]. Sustainability, 12（3）: 812. https://doi. org/10. 3390/su12030812.

WEN W, ZHOU P, 2018. Impacts of regional governmental incentives on the straw power industry in China: A game-theoretic analysis[J]. Journal of Cleaner Production, 203: 1095-1105.

WILLIAMSON, O. E, 1985. The economic institutions of capitalism[M]. New York: Free Press.

XU X L, CHEN Y J, 2020. A comprehensive model to analyze straw recycling logistics costs for sustainable development: Evidence from biomass power generation[J/OL]. Environmental Progress & Sustainable Energy, 39: 13394. DOI: 10. 1002/EP. 13394.

XUE C X, WANG X F, 2016. Study on Government Subsidy Decision-making of Straw Power Generation Supply Chain[J]. Procedia Engineering, 174: 211-218.

XUE S R, SONG J H, WANG X J, et al., 2020. A systematic comparison of biogas development and related policies between China and Europe and corresponding insights[J/OL]. Renewable and Sustainable Energy Reviews, 117: 109474. https://doi. org/10. 1016/j. rser. 2019. 109474.

YU F B, LUO X P, SONG C F, et al., 2010. Concentrated biogas slurry enhanced soil fertility and tomato quality. [J]. Acta Agriculturae Scandinavica, 60（3）: 262-268.

ZANG X P, LUO K Y, TAN Q L, 2017. A game theory analysis of China's agri-biomass-based power generation supply chain: a co-opetition strategy[J]. Energy Procedia, 105: 168-173.

ZHAI M L, ZHANG X, CHENG F, et al., 2017. A game-theoretic analysis of the government's role on the biomass supply chain construction[J]. International journal of ambient energy, 38（5）: 444-458.

ZHAO B，TANG T，NING B，2017. System dynamics approach for modeling the variation of organizational factors for risk control in automatic metro[J]. Safety Science，94：128-142.

ZHENG L，CHEN J G，ZHAO M Y，2020. What could China give to and take from other countries in terms of the development of the biogas industry?[J/OL]. Sustainability，12（4）：1490. https://doi. org/10. 3390/su12041490.